幸福的科学

The Science of Happiness

［美］亨利·史密斯·威廉姆斯（Henry Smith Williams） 著

佘卓桓 译 迟文成 校

中国人民大学出版社
·北京·

目 录

第一部分　幸福的问题与身体方面的问题

第一章　幸福的问题　　　　　　　　003

第二章　身体的需求　　　　　　　　014

第三章　健康的身体　　　　　　　　029

第四章　如何睡觉　　　　　　　　　044

第二部分　幸福的问题之心理层面的问题

第五章　如何去观察与记忆　　　　　065

第六章　如何思考　　　　　　　　　080

第七章　意志与方法　　　　　　　　095

第八章　自我认知　　　　　　　　　105

第三部分　幸福的问题之社交层面的问题

第九章　如何工作　　　　　　　　　117

第十章　年轻与年老的对比　　　　　132

第十一章　金钱与理想的对比　　　　146

第十二章　职业与业余爱好的对比　　　　155

第四部分　幸福的问题之道德层面的问题

第十三章　人生的伴侣　　　　169
第十四章　未来的一代　　　　183
第十五章　如何获得幸福　　　　192
第十六章　如何面对死亡　　　　203
附录：对前面一些章节的补充内容　　　　218

第一部分　幸福的问题与身体方面的问题

第一章　幸福的问题

幸福的问题是问题中的问题。我有说这是问题中的问题吗？不是的，我知道这样的情况——唯一的问题就是幸福的问题。无论是对于野蛮人还是文明人、体力劳动者还是心理学家，在母亲膝下喃喃自语的孩子还是即将要踏进坟墓的老人，脸上洋溢着无限青春气息的少年还是暮气沉沉的老人，凶猛的野兽还是小鸟与爬行类动物，在陆海空广阔的空间里，对于任何具有生命力的生物来说——在此时此刻，始终如一且不能回避的一个问题就是幸福的问题，这个问题贯穿于任何生物的所有行为之中。

在每个具有意识的行为背后，都潜藏着一种欲望的天然磁石。在任何一种生物的身上，都存在着一种最本能的行为。动物或人类每一种肌肉的反射，都是一连串动机所带来的一系列行为，虽然这可能是由遗传所带来的，但这会形成我们最原始的欲望。归根到底，我们所有的欲望，无论如何表现，都可以归结为一种欲望：总体概括，都可以说是一种追求幸福的欲望，除此无它。

有时，这种与结果紧密联系的动机与行为是直接且明显的，有时，这样的动机则显得遥远与无法感知，但这样的动机却是始终存在与发挥着作用的。狼群会始终追寻着猎物，孩子会始终急切地想要得到玩具，少年会热烈地追求自己心仪的少女，男人会想办法实现自己的雄心壮志——所有这些都显然是为了追求一种乐趣。但同样真实的是，如果一种动机不是那么直接且不那么容易被察觉，那么追求乐趣的人就会变成那些愿意为孩子做出牺牲的母亲，那些为了国家而牺牲自己生命的爱国志士，那些为了理想愿意牺牲的殉道者。

这些例子都说明了，追求愉悦的道路也许并不一帆风顺。实际上，乍一看上去，好像是说，如果有机体的最高目标是追求幸福，那么他们最终面对的就是痛苦的失败。每一个有机体的存在都需要忍受痛苦，最后则会死去。大多数食肉动物都需要通过造成其他生物的痛苦与死亡来满足自身的口腹，从而实现种类的繁衍。一种动物猎食另一种动物，一些人则"猎食"其他一些人。欲望潜藏在每个角落里，始终都在制造着痛苦。在每一种欲望背后，都潜藏着一种可怕的鬼魅，那就是死亡，这让人们永远都只能扮演受害者的角色。死神是谁都无法控制的，不带有任何怜悯之心的——它会让所有的生物最终都离开这个世界。在这个充满纷争、恐怖与痛苦折磨的世界里，谈论幸福的问题，简直就是一个笑话。

但是，我们要用一种更为柔和的观点去看待这些事情。"每一种痛苦都存在着一个目标，否则痛苦就是邪恶的。"道德主义者长期都相信这样的思想，生物学家现在也能够对此进行解释了。但是，这样的目标却是——一个非常有趣的悖论——让我们尽量能够感受到愉悦。但是，相对于痛苦而言，这世界可能根本不存在任何愉悦的东西。对于那些承受痛苦的人来说,这个世界可能根本没有任何幸福可言。

我们根本不需要任何形而上学的理论去解释这样一个隐晦的悖论。我们只需要反思任何一种具有生命力的生物都需要面对的危险,那就是每一种没有神经系统的生物都会遭遇随时降临的痛苦,这样的痛苦是它们永远都无法学会去避免的,因为痛苦通常会发生在它们察觉之前。那些神经系统出现紊乱的孩子是绝对不会害怕火焰的,所以他们会喜欢玩火,最后将玩具全部烧成灰烬。

从类比中得出来的理智推论,让心理学家们向我们提出了一点可信的东西,即同样的情况也适用于心灵与道德世界。要是没有任何不愉悦的障碍需要我们去跨越,痛苦的经历就可能被刺激出来,那么人的心智将永远无法超越一种更为消极的感觉。道德主义者会向我们保证,要是没有对痛苦与悲伤的理解,那么一个人是绝对不可能培养那种利他之心的,而利他之心也在很大程度上决定了文明出现的可能性。

我们不需要与这些生物学家、心理学家或是人类主义者去进行任何理论上的争论。我们并不需要在任何时刻去反驳他们所持的逻辑观念。但是,我们需要持一种怀疑观点,那就是无论这样的一些体验对于一个种族是多么重要,但是每个个体还是希望尽可能地避免生命中那些痛苦的东西,从而过更加愉悦的生活。在这个世界上,真正优秀的男女很少遭受过身体上的疾病或是命运的不幸。无论你所处的环境多么舒服,身体的痛苦都会让你感到无比痛苦,这会让悲伤踏入你的家门,让你产生一种利他主义的动机,这样的动机是几千年以来一直传承下来的。我们可以将一些偶然的例外情况排除在外，如果你的身体、心灵与道德都处于一种健康状态，那么相比于那些身心处于一种不佳状态的人，你成为一个更好的人的可能性更高。

若是我们将所有的个人考虑都放在一边，那么你也有责任去发挥自身的人性，培养身心的健全与力量。换言之，你有责任去寻求个人的幸福，即使不为其他理由，也可以是出于这样的原因，即这样做会让你有能力使别人变得更加幸福快乐——这将会让你的心中充满愉悦。

所以，我们必须要深刻地明白"幸福"一词的含义，这可以分为两个方面，第一个是积极的方面，第二个是消极的方面。按照事物发展的自然规律，即便是最幸福的人也不会否认精神错乱的存在。诚然，这是一种心灵的法则，即最为强烈的愉悦感觉都是短暂的。理智使我们避免过分沉湎于某一事物。纵观我们的一生，可以感受到强烈的愉悦感的时间还是非常少的。

生命的主要进程源于高原，这里有高耸的山峰。如果我们能够远离痛苦的泥沼与山谷的话，那么这就是充满希望的，这一切都是我们所想要的。我们最大限度的幸福都是消极品格所带来的。"在我们感到不快乐的时候感到快乐"，这才是愉悦的真正形式。单纯暂时摆脱，这似乎是那些长期忍受痛苦之人所能够感受到的最大幸福。

具有理性的动物的目标，就是能够摆脱心灵与身体的痛苦，从而感受到最大限度的自由，能够感觉自己控制着其他的生物，这让我们能够有最大的力量去推动人类的不断进步。

四条平行的高速公路会指向无限的目标——包括身体感觉饥饿的

高速公路、智力的高速公路、社会交往的高速公路以及道德追求的高速公路。那些能够感受最大限度的幸福的人，都是能够尽可能地摆脱遗传带来的限制，从而在这四条高速公路上飞奔的人。

若是我们从这种观点进行审视，就会明显发现，对幸福的追求与单纯感受到感官愉悦是存在区别的。这样的一种努力可以被单纯视为人生的唯一目标，这就像是死海的"果实"最终必然会变成"灰烬"一样。然而糟糕的是，虽然愉悦的善意因此能够得到保存，但却有着一张恶意的脸庞，让每一个人的心灵都变得冷漠坚硬。

因此，对幸福的追求并不能放任毫无指引的本性。诚然，在人类行为的整个范围里，这些毕竟都很少会超越当前的主题。因此，这就需要更为重要的指导，让我们有更好的机会去寻求建议，能更好地运用机会进行学习。当这些知识被系统化地组合起来之后，我们称之为科学知识。但在我们的现代世界里，这个话题通常都处于一种无人问津的状态，我们依然还没有从中世纪那种活着就为追求世俗乐趣的哲学中摆脱出来，依然过分专注于对某种愉悦的追求。因此，虽然世人都将追求幸福视为人生的最大乐趣，但存在着一种倾向，就是很多人依然对那些发誓要追求愉悦的人持一种怀疑的态度。

没有什么比追求愉悦的行为更能够深刻地阐述出古代希腊哲学所具有的真诚性。哲学的起源可以追溯到公元前3世纪初期，当时一位著名的哲学家名叫伊壁鸠鲁。就我们现在所能了解到的知识可知，他是第一个运用禁欲的方法去面对身体层面上愉悦的人。他在一个著名的花园里非常睿智地教导着自己的门徒，无论男女，都要努力过上这样一种禁欲清苦的生活，成为这种生活理念的奉行者。

他有一句著名格言："无法控制的能量与巨大的财富可能会积累到一定的程度，从而给我们带来安全感，当然这是就人类本身而言的。但是人类的安全感一般情况下来自他们灵魂的平静。目标是摆脱了各种雄心壮志的羁绊，处于一种望峰息心的状态。"

他接着说："一个公正之人能够摆脱所有不当的行为，但是一个不公正的人却会始终成为不当行为的受害者。"

他还说："在所有的事情当中，智慧能够为我们的人生提供许多指引，其中最重要的收获就是友情。"

他作为一门思想学派的创始人，最后却因为身体的各种疾病在痛苦中死去。他想要在痛苦中寻求慰藉，所以他从哲学问题的推理上得到了人生的快乐。他一生都想要去了解最大限度上的生存乐趣，但他也曾明确地表示："我们不能在不顾公正、荣誉与正义的前提下过着愉悦的生活，要想过上愉悦的生活，这必然是与美德分不开的。"

当我们回顾人类残忍且扭曲的历史时可以看到，这位哲学家的名字竟然成为描述那些追求感官刺激者的一个代名词。"伊壁鸠鲁"一词以及与此相关的词语在当代的欧洲语言里，都是与某种追求身体愉悦的感觉联系在一起的。按照历史记录，伊壁鸠鲁本人以及他的追随者都习惯了节食苦行的生活，他们每天所喝的水与所吃的食物都刚刚好能够维持正常的生命。在那个时代，酒类是希腊人习惯的饮品。在那时，十加仑的酒只需要六分钱。但是伊壁鸠鲁的门徒都认为每天只需要喝白水就可以了。在他们所处的那个时代，他们的节制似乎是一种随意的禁欲行为。据说，当伊壁鸠鲁面对山珍海味的时候，给一位朋友写信说："给我送来一些粗茶淡饭吧。我只希望吃饱肚子就可以了。"按照现代的语义来说,"伊壁鸠鲁"这个词语的意义已经完全发生了改变。

这样的错误可以说让许多人遭受了不少的痛苦。还有很多能够描述事物本质的关键词语都被世人一知半解地误用了,最后甚至懒得将其改正回去。所以,伊壁鸠鲁主义者都会对此持一种怀疑的态度。但若是按照事实分析,伊壁鸠鲁的哲学的确与其他的哲学存在着许多不同。所有的哲学体系都是想要找到追求幸福的道路。如果一些现代哲学家为伊壁鸠鲁的理想感到哀叹的话,那么这就是对于禁欲思想的错误理解。

但是,有多少人获得了赫胥黎所说的人类心智的"坚硬而又清晰的逻辑思维"呢?又有多少人在他们正常的心智能力之内,养成了良好的思维习惯呢?

撒克利曾说过,他的心智始终处于一种积极的状态,朝着明确的方向前进。无论他是在走路、坐着或是做其他事情,他都显得那么充满乐趣。他所感受到的这种乐趣绝对不是毫无目标的。他始终能够看到存在的一些明确问题。他可以知道自己在某个小时或是一天之内所思考的事情。又有多少人能够做到这点呢?

据说,爱默生每天都要到树林里散步,漫无目的地到处走着,或者在他认为适宜的时候放松自己的身体。他只有在获得了一些全新的思想后,才想着要回去,就像一些漫无目的的游客要采摘到一朵花后才会尽兴而归一样。他非常喜欢花朵、小鸟与树木,乃至自然中的一切事物。他会通过心灵的"视觉"去感受这一切,通过一些具体的行为去表现出来。在他看来,世间万物都是一个宏大计划的一部分,每个部分都与其他的部分紧密地联系着。这些缠绕而又紧密联系的事物给他的心灵带来了一些朦胧的印象，但在这些朦胧印象的背景之下，他能够看到那些最为闪亮的思想，这些思想在一片暗淡的阴影下显得尤为闪亮。

就个体的智慧而言，有多少人发现过自己具有如此巨大的能量呢？又有多少古老的思想能够以如此透彻的方式为我们所熟知与理解呢？又有多少所谓著名的思想是没有建立在一种迷信的基础之上的呢？但是，无论怎么说，人类所真正能够吹嘘的，不过是他们是一种具有思考能力的动物。

我们都知道，清明的思想所带来的奖赏是多种多样的，其中就包括这个世界上最美好与美妙的事情。我们都知道，一种懒惰散漫的思想所带来的惩罚就是心灵的平庸，让人缺乏对学术的追求，无法将人生中最美好的东西完全呈现出来。但是，我们现在处于一个能够时刻感受思想曙光的年代，从来不会养成那种懒惰的思维习惯，这让我们可以驱散思想的迷雾，也让我们有着清晰的视野。在一个充满热情的时刻，不管这样的时刻是适宜的还是不寻常的，我们都能够感受到光芒，而不是逃避到过去那种朦胧、模棱两可或是没有任何成果的迷思当中。我们在晚上睡觉的时候，都会假设我们的心智处于一种不活跃的状态。在绝大多数情况下，我们在一个晚上的记录其实就好比一张空白的纸，而第二天早上，我们的心灵思想在这张纸上被记录了下来。白天，我们假定自己处于一种苏醒状态，处于一种心灵活跃的状态。但是，我们对白天的思想又有怎样的记录呢？事实上，我们在白天的时候并没有如想象中那么清醒。梭罗的一些愤世嫉俗的言论让他看上去从来都不像是一个真正清醒的人。当然，这也与他个人的人生阅历有关。

但是，梭罗是爱默生、霍桑与洛威尔以及其他许多新英格兰地区思想家的朋友。难道他们都处于一种半睡半醒的状态吗？如果真是这样的话，那么具有一般心智能力的人岂不是没有任何希望了？

即便如此，我们还是要尽最大的努力去做到最好。在思想方面进行比较与对比，这并不是为了贬低一些思想。一些最高级的思想家所处的思想高度是一般人难以企及的，但我们也不应该对此感到灰心。虽然有很多的格言也不完全是尽善尽美的，但必然能够给我们带来一些帮助。而若是我们能够以正面而积极的态度去面对模糊的思想，那么绝大多数人的心灵都必然是可以得到提升的。

世人的意识正在觉醒，更好地认识到了心智与身体之间的相互独立性，这是一个充满希望的信号。我们这一代人正在努力恢复古希腊人对竞技运动的热情。半个世纪前，许多竞技运动都被人们所忽视，现在却成为了人们关注的焦点与教育的课程。据说，美国有1 000万少年与成年男女在进行着经常性的体育锻炼。这个事实是极为重要的。这能够让我们在一个更为宽广的层次内对幸福进行更加深入的了解与认知。但这只是一个开始而已。我们必须要始终保持身体方面的锻炼，而不只是在大学时才参加体育锻炼。我们必须要追求道德与心灵层面的平衡。接着，我们看到的不仅是新世纪[①]，而且是真正优秀

[①] 本书出版于1909年，20世纪之初。因此书中所提及的一些科学理伦也许已经不再适用于当下，望读者理解。——译者注

的一代新人。

现在，简单地总结上面提出的各种思想——任何超越单纯建议的事情显然都是无法实现的。显然，幸福的科学与任何妖术都是没有关系的，并不是如同芝麻开门那样简单地打开一扇门就能直接通向幸福的世界。在寻求真正幸福的道路上，除了不断学习与认知之外，根本没有其他的捷径。诚然，这是一件需要符合事实过程的事情，让我们能够更好地了解知识，感受着人生的幸福。幸福的科学必须要与很多的信息与细节联系在一起。现在，没有一门科学是完全简单的，一些歪门邪说的理论都已经成为过去。我们现在出行靠电车，但我们永远无法获得阿拉丁神灯。

我们的科学必然要基于生物层面的法则之上。我们需要接受这样的基本法则，即健康的身体通常是拥有正常心智的前提，这其中包括我们要注意饮食、锻炼身体、注重睡眠等。

这还需要我们注意生理学家们提出的一些最基本的法则，将最好的锻炼方法传递给别人，让他们能够进行记忆训练，更好地发挥思考的能力与意志的能力。

我们还需要从社会学家那里收集各种信息，从而了解很多人想尽办法要实现的个人欲望，从而找出许多让人信服的证据，让每个个体的幸福都可以通过不断找寻更多的怜悯与利他主义的动机来实现。

按照上面所提到的内容，幸福的科学必然要包括一个更为宽广的法则系统，如身体与心智的锻炼，从而更好地践行生活的艺术——这些自信的信条并不是一种幻觉，也不是一些多愁善感者的无端伤感，而是那些愉悦的乐观主义者对未来远景的一种想象——简而言之，这代表着一种理智与常识。

当人类的一般性认知能够牢牢抓住如此广泛的科学道理之后,人类的生活作为一个整体就能更加接近一个理想的状态,从而能够理解伊壁鸠鲁当年提出来的禁欲主义。用当代德国一名评论家的话来说,这"代表着一种恰当行为的发展,代表着一种最为高尚的道德与崇高的享受"。伊壁鸠鲁本人曾宣称,他曾对自己的一些思想进行过深入细致的思考,认为"这些思想绝对不会被睡眠或是醒来的幻想所影响",而是能够"像神那样存在于每个人的心中"。

在我们这个充满怀疑精神的时代,我们并不敢奢望找到一条轻松且必然能够成功的道路。但是,这种相同的怀疑精神却在某种程度上给人的思想带来一种解放。特别是现在有了蒸汽与电力,疾病与饥荒都已经得到了缓解,预防性的药物能够将更多患病的人从死神那里拯救回来,这一切都让人的身心得到了解放。现在,医生能让很多之前身患绝症的人重新康复。在道德领域内,启蒙的情感让人们对正直与公平有了全新的了解,国家与国家的关系也变得更好了——这是一种更加接近道德平衡的思想——这是之前世代的人所根本不敢想象的。

科学知识的发展将人类的幸福标准提得越来越高,每个个体都能够运用正确的生活法则,过上自己想要的生活。当他们这样做的时候,这可能会在很大程度上需要他们得到身体与精神上的自由,将他们的自我独立与相互帮助精神联系起来,这将达到古希腊人所说的神性品质。我们这一代人知道这并非是神性品质,而是我们对一个理想之人所具有品质的一种判断标准。

第二章　身体的需求

　　如果你能够控制自己的食欲，保持良好的基本饮食习惯，从而使身体处于一种健康的状态，那么你就会为自己有节制的生活感到高兴。即便你只喝白水，也不要在任何时刻宣称自己保持着清醒的状态。如果你面对逆境，就要尽可能地做到最好，不要想着吸引别人的关注。让那些虚荣的傻瓜在公众场合尽情地展露自己吧。但你要知道这样的一种行为是根本不值得一位哲学家去研究的。

——埃皮克提图

　　具有认知能力的人不会屈服于野蛮或是非理性的诱惑——但他会始终想办法保持身体的和谐，从而更好地追求心灵的和谐。

——柏拉图

　　对不同的生物来说，不同的食物会带来不同的愉悦感与影响。有些食物可能会让人感到恶心或是痛苦，但对其他一些生物来说，这些食物可能就是美味可口的。对某个人来说无比可口的食物，对别人来说可能就是毒药。

——卢克莱修

现在，我们从一般性的总体转向具体的个体。让我们首先思考一下幸福的问题与健康状态下的身体之间存在的联系。它们之间的关系到底有多么紧密呢？谁也无法真正地了解。每个人都会有这样的感受，饥饿的状态肯定是与心灵的满足不协调的。而一个消化不良的人在吃晚餐时所感受到的痛苦可能也只有他自己才知道。我们应该深入地了解正确生活应该注意的事情，特别是关于所吃食物的问题。

关于吃什么这个大问题对身体健康的人来说，就是一个简单的常识问题。要是我们将个人的偏见放在一边，都可以接受经验所带来的各种正面的信息。这其中当然也有其他的一些争论，例如，作为一般人，我们应该吃什么才算是健康的。在这种常识的指引下，生物化学专家的研究就能够对此给予充分的解答。同理，一些务实的生理学家与医生的观察也是有价值的。奥斯丁·弗林特（他属于上一代人）在很久之前就曾表示，在他认识的所有挑食的人当中，几乎每个人都患有消化不良的疾病。绝大多数有医学临床经验的人都会赞同他的这一说法。

当然，这并不适用于那些不吃某种食物的人，因为他们根本不喜欢这些食物。一个人心中的美味对另一个人来说可能就是毒药，这句带有一定道理的话同样适用于个人的气质，这让人感到无比惊奇。比方说，我认识一位女性，她在吃草莓的时候总会出现中毒的症状，即便是在吃一些充当配料的草莓时——比方说雪糕中添加的草莓酱——

都会感到严重的身体不适。

但这种特殊的例子只能证明一个事实,那就是一般来说,对一个健康的人有好处的食物,对另一个人也应该是有好处的。否则,我们的整个人类世界就会出现可悲的大逆转。

因此,关于这个特别的提问:"我该吃什么呢?"我们可以给出一个一般性的提议:"吃对一般人有益的食物,同时避免吃任何你之前认为不利于身体健康的食物。"除此之外,你还需要坚定自己的立场,不要被其他人轻易地说服去吃一些自己不大喜欢的食物。很多人,特别是那些挑食之人,都因为遵循自身的饮食习惯——不去吃某种食物——而导致自己出现消化不良的情况,然后错误地认为正是某种食物造成了自己消化方面的问题。也许,在他们感觉不是很好的时候,依然会选择这样的饮食习惯,或是过量地摄取一些食物。总之,在你吃一种具有价值且符合个人胃口的食物之前,你需要确保它的确是具有一定价值的。我重申,这样的身体特殊情况的确存在于一些人身上。所以每一位焦虑症患者都应该认真了解这样的事实。

一个类似的理论同样可以适用于某些别人不喜欢的食物。这样一种"不喜欢的口味"可能是因为之前吃了某种食物所造成的后果,因此一些人在长期患病的过程中都不敢去吃某一种食物。比方说,一些人不喜欢喝牛奶,就是因为这样的原因。但是,这种情况通常都是可以凭借个人持续的努力去克服的。在任何重要的事物分类当中,我们都需要努力地去让饮食尽量多元化。要想扭转这种反感的情绪,这就需要我们有着良好的饮食习惯,了解哪些食物对我们的身体是有益的。因此,在你吃东西或是与朋友吃饭之前,这样做会让你显得更加从容一些。以上理由本身就足以充分说明一点，那就是培养每个孩子吃一些普通的食物，这是非常有价值的。在绝大多数情况下，要想做到这点是不容易的。在孩子们遭遇了多年的消化不良的情况之后，他们必然会感谢你的做法。

但是，推荐多元化的饮食，这在某种程度上并不是要进行绝对意义上的不加区分。与此相反，理性地运用当代关于食物的知识内容，这能够给我们带来积极的帮助，这些都是可以在我们的当代一般饮食习惯里得到展现的。比方说，你可以在饮食方面做到最好，从而满足你对生活的某种特殊需求。如果你的工作是需要久坐的，你就需要多加锻炼，从而让自己的身体出一些汗。在这个过程中，你将明显需要少摄取一些含氮食物，这可能与你的邻居的饮食需求是不同的。

现在，我们需要明白，含氮的食物包括肉类、鸡蛋、牛奶、奶酪与豆科蔬菜等食品。在你习惯了一种久坐的生活方式之后，你的饮食习惯就会趋于不变，身体系统可能出现内部堆积的情况，这将会给你的身体带来中度中毒的后果。

很多美国人，特别是生活在城市里的人，都会忍受这样的痛苦。比方说，他们喜欢吃很多肉类，每天要吃 2～3 顿肉类，同时几乎不做任何运动。即使是一名运动员在每天接受高强度的锻炼时，也只需吃一顿肉类。所以，这种饮食习惯所带来的影响是非常明显的，特别是当这些人到了中年之后，这种习惯带来的危害就会越发明显。这些饮食习惯会导致诸如痛风、风湿以及与肾脏相关的一系列疾病。

我相信，任何人都不会怀疑这是一段反对类似饮食习惯的话语。这段话的本意只是想要引起人们对这些饮食习惯的重视，因为饮食的习惯对于满足我们的身体需求是极为重要的。这一点是非常正确的。诚然，正是因为我们在饮食方面做出比较保守的选择，所以我们才会忽视对食物所含元素等方面的要求。比方说，淀粉就意味着碳水化合物，很多人也许会过分地摄取这些营养物质。同理，一些人过分喜欢糖果类的食物，喜欢吃蛋糕，这样的饮食习惯已经成为美国全国性的一种饮食倾向。虽然糖果本身对人体是有益的，但这必然会造成我们的食欲出现严重的问题。因此，有序且多元的饮食习惯是我们绝对不应该忽视的。

另外，如果我们在正餐吃完之后再吃糖果，那么身体就会摄取许多本身不需要的营养物质，这通常会给我们身体的消化与吸收器官带来额外的负担。不管这些身体器官是否遭受到了严重的损害，至少这些食物的营养无法为我们所消耗，这是公认的事实。这些没有被身体消耗的营养物质就会被存储起来，形成脂肪，直接影响着人们的身体健康，让他们感受不到生活的乐趣，影响他们的个人形象。

同样的推断适用于营养丰富的面粉类糕点。若是在饭后吃太多这些食物，营养摄入量很容易就会超越身体的需求。那么人就很容易肥胖，因此他们应该用芝士与水果去替代这类糕点。无论是谁，若是他们想要吃得更加健康，就应该在吃甜点之前吃点富含淀粉的蔬菜。在餐后吃糖分较高的甜点所带来的危害就是，这通常会让身体堆积过多的脂肪。

另外，甜点的价值就在于给人们带来额外的口感刺激，绝大多数美国人都认为，要是在餐后没有甜点吃的话，他们会觉得这一顿饭是不完整的，很难从中体会到一种吃的满足感。当他们去国外的时候，通常对此感到不满,因为欧式点心的制作方法与美国的馅饼、布丁、冰淇淋是完全不同的。当他们失去了这些"甜点"之后,就会觉得自己始终吃得不是很习惯。有人甚至将新英格兰地区做的馅饼看成仅次于美国宪法的第二重要的东西。

作为生活在新英格兰地区的第七代人,我不会觉得这是对祖先的亵渎。我们完全可以尊重这样的饮食习惯,但我们同时需要反思一点,那就是任何人都无法找到任何理由为那些已经饱食的人继续提供美食。在一开始,持一种保守的态度,这始终是明智的选择,因为这对于我们的消化系统是非常有益的。

但是,相比于一般性的饮食原则,这根本不算什么。我们完全可以放心一点,那就是这其中并不涉及任何技术性的原则。奥尼格尼斯在谈到古希腊人时,就曾对我们说:"饱食要比饥饿杀死更多人。"一句世人皆知的谚语也表达了类似的意思:"暴饮暴食所杀的人要比刀剑更多。"当代许多著名生理学家也经常发出警告,若是不改变当前的饮食习惯,那么将会有很多人因此过早地失去生命。

现在人们的餐桌上有太多精美的食物,这给他们带来了暴饮暴食的诱惑。特别是按照美国的一些饮食习惯,人们喜欢大吃大喝,养成了暴饮暴食的不良习惯。拉丁民族将饮食看作一种非常重要的社会风俗习惯,延长了饮食时间,这通常是很多美国人所做不到的。因为拉丁民族在吃饭的时候每一种食物都只吃一点,只从每种食物中汲取一定的营养,这能让他们的消化系统更好地进行吸收。同时,他们的饮食时间较长,这也有助于他们的肠胃消化。毋庸置疑,不健康的饮食风俗也是美国人消化系统出现紊乱的重要原因,也是造成肥胖的重要原因。

而在饮食的时间上，不同民族的人在具体做法上也是有所不同的，但他们都同意每天应该进三次餐。欧洲大陆上的人喜欢吃早餐，法国人喜欢吃蛋卷，认为这具有丰富的营养价值，而英国人则喜欢吃鸡蛋、培根、土豆与马铃薯。这与美国人比较类似。我们可以看到很多美国人都比较喜欢简单一些的早餐，而其他一些民族则习惯了另一种饮食方式。当人们跨越了英吉利海峡，似乎在一夜之间就忘记了之前的饮食习惯，喜欢吃牛排、马铃薯与用平底锅烹饪的食物，将这些食物当成早餐来吃。

要想深入了解每一种饮食文化，评选出哪一种饮食文化是最好的，这样的工作是徒劳无功的，因为每一个国家都是在自身的饮食文化的基础下不断发展起来的。毋庸置疑，不同的饮食风俗都是与不同的气候环境以及种族气质相关的。饮食文化在很大程度上取决于人们吃早餐的时间，还取决于他们在午后从事怎样的工作，几乎所有人在中午的饮食都取决于他们在下午所从事的工作。更具体地说，这其中就存在着明显不同的饮食习惯。比方说，德国人几乎都是在中午才吃一天中最可口的食物，而法国人则习惯在晚上吃一天中最可口的食物。若是将这些民族的差异性放在一边，我们可以说，在中午吃得好，这是一个住在乡村的人的饮食习惯，而住在城市里的人则更加注重晚餐的质量。这些习惯的差异性都是与工作的不同性质、睡眠时间以及类似的情况息息相关的。这些差异性导致的多样性是非常明显的。而人类身体系统的运转方式也能据此做出相应的调整，可以在任何一种饮食文化中进行切换，这样的事实也是相当普遍的。几乎每一位教条主义者都能够从已有的事实中得出这样的结论，那就是一位处在成长期的孩子能够在中午吃上一顿可口的午餐，这将有助于其茁壮成长。

但在这里，我们需要提出一句警告的话语，那就是不要打乱平时的饮食习惯。如果你习惯了在晚上用餐，那么像很多人那样在周日的假期里将一天的饮食重点调到中午，这可能是值得商榷的。也许，更为糟糕的是，如果你习惯了中午就餐，那么晚餐就可能延迟2～3个小时。如果我们的身体系统处在一种恰当的模式下，就能按照自身的需求进行运转。若是我们打破了之前习惯的饮食习惯，这并不有益于我们的健康。

若是就我们所提到的这个话题的各个方面进行审视，我必须将内容单纯局限于一些暗示之上。但我绝对不能忽视一点，那就是希望人们能够注意到两种普通的"食物"。当然，我指的是水与空气。我们的身体在很大程度上需要这两者去维持生命，水占据了我们体重的很大比重，并且会以很快的速度流失出去，这就需要我们及时地补充水分。要是未能及时地补充水分，人的身体机能只能维持4～5天时间。要是我们无法拥有这种最重要的物质，那么我们就无法更新肺部所呼吸到的氧气，从而无法维持生命。只要有水，即便没有其他食物，人依然能够活上一个星期左右。

水与提供氧气的空气是如此重要的，但我们却经常看到一些人过分重视水而忽视了氧气的重要性。特别是对那些之前患有风湿病与神经痛的人，他们经常会将水视为如啤酒这样的酒类而加以拒绝。在治疗这些疾病或是其他疾病的时候，医生都会给出药方，要求病人将多喝水视为一种代替其他药物的方法。通常来说，他们会将病人送到一个著名的水疗胜地，让水浸泡他们的身体，改变他们之前在家时的那种生活习惯。在人们身患重病的时候，他们也会发现强迫自己多喝水是一件很困难的事情。可以说，没有什么比给病人开出多喝水的"药方"更加重要了。

纯净空气所具有的治疗性价值长期以来已经被世人所知，当代的医生也许比前人对此有更加深刻的了解。现在很多人都认为可以通过呼吸新鲜空气治疗肺病。很多报纸媒体都报道了这样的事实，认为新鲜的空气能够治疗一些严重的疾病，诸如肺炎等疾病都是可以通过呼吸新鲜空气得到治疗的。

呼吸大量的新鲜空气对人的身体健康是非常有用的，这就对学校、戏院等建筑提出了通风的要求。但这个话题的真正重要性当然不是当代的一般人所能完全理解的。比方说，很多人都知道这样一个事实，那就是只有少数人在购买私人住宅的时候会考虑到室内通风的情况。在欧洲与美国的不少人，包括那些接受过教育的阶层，都习惯了在窗户紧闭的房间里睡觉，这些房间处于一种完全密封的状态。经过一夜的睡眠之后，房间里不可避免地充满着有害的气体。

因此，当我们了解到这样做的危害之后，就会对许多原本认为很正常的事感到惊讶。这也能够解释许多事情，比方说他们的睡眠质量差，经常会被噩梦打扰，或是睡醒之后不仅没有感到精神一振，只是感到头昏脑涨。

对很多人来说，即使是在苏醒的时间中，他们也无法让自己的身体组织得到充足的氧气供应，因为他们没有掌握良好的呼吸方法。可以肯定的是，呼吸是一种不自主的功能，为了能够让身体组织对氧气的需求做出反应，我们的肺部会出现膨胀的情况，同时有意识地对大脑进行指引，从而确保至少符合身体最低需求的氧气能够进入我们的身体。但是，那些习惯了久坐的人应该通过有意识地进行呼吸方面的训练，更好地改善自己的身体状况。

所以，你现在需要打开大门与窗户，挺直身体，肩膀自然下垂，练习呼吸的方法，从而增强自己的肺功能。你可以通过这样的方式让自己的整个身体机能获得最大的提升。这将能够改善你许多不自主的呼吸习惯。

特别是对女性来说，这样的训练方法更是非常有效的，一部分原因是女性通常都养成了久坐的生活习惯，另一部分原因是追求时尚的女性所住的地方一般都没有充足的空气流动。在这样说的时候，我并不是说追求时尚的女性都喜欢穿紧身外套。我完全相信很多女性有想要保持健康的想法，让自己在老年的时候依然能够拥有良好的心肺功能，从而过好每一天。

在其他的很多情形下，我们的身体组织能够充分证明其具有神奇的适应能力，并且能够对一些损害身体的行为做出抵抗。

任何人都无法充分了解氧气对人体产生的生理作用，但氧气的吸入量显然会影响到我们身体的一些机能。那些想要勇敢地追求目标，成功地展现自身智慧的人，都应该努力地摆脱这些生理层面上带来的障碍。

另外，回想起现在一些小学进行的有关呼吸方面的教育，这也是让人感到欣慰的。所以，现在普通的14岁少年都要比我祖父那一辈最著名的医生对此更加了解。毋庸置疑，现在关于健康方面的信息得到了广泛的传播，这必然会给我们的健康与幸福带来可以预见的影响。

当然，那些选择了这样做的人可能会通过留意自身的呼吸方法，养成更加良好的生活方式。

若是我们能对这个话题进行认真的观察，就会发现这样做能够帮助我们抵挡一些真实存在的疾病，这必然能够增强我们的个人舒适程度，让我们自身的感觉更好一些，提高你的工作效率，增强你感受幸福的能力。

在这里，我们还需要提到一些商品（当然，这是就这些商品的字面意思进行解释的），它们对我们的身体机能也是非常有影响的。当然，我是指那些能够放松敏感的神经或是消除不良的癖好的东西，如茶叶、咖啡、酒精与烟草等。可以肯定的是，酒精是含有碳水化合物的东西，但这种东西却不具有真正的食物价值。关于这方面的内容很多人都会经常进行讨论。茶叶与咖啡都有温和的刺激性，而烟草则含有尼古丁，这会对身体造成一定程度的伤害。

每个人都知道，烟草是西半球的发明。直到16世纪才被欧洲人了解。茶叶与咖啡是被少数几个文明古国发现的。但是，酒类却是自从人类文明初期便被各个国家的人民所喜爱的一种饮料。

毋庸置疑，酒精给人们带来了更为深重的灾难——严重影响着人们对幸福的追求。这是上面提到的各种商品所无法比拟的。当人们审视这种让人大脑麻痹的物质时，就会发现这种东西让一代又一代的人深陷其中，不能自拔，让很多原本最高尚的人陷入其中，摧毁了他们的心智。当我们认真反思酒精给人体所带来的影响时,就会发现它会摧毁我们的理智,扭曲我们道德,摧毁我们的家庭,威胁整个民族的发展——当我们反思这些事情所带来的各种危害时,就会发现,我们很难与那些饮酒之人谈论酒精带来的严重危害性,即使这些人只是适度饮酒,也是如此。

但是,较为理智的评论需要我们认识到这样一个事实,那就是每一代中都有不少人深知的一点,即习惯性地喝酒,倘若不达到酗酒的程度,不成为酒精的奴隶的话,这还是可以被人们所接受的。古代地中海的许多民族都习惯了喝酒,这些人都是当代拉丁民族的祖先。毋庸置疑,古希腊人、古罗马人、意大利人、西班牙人以及法国人,都认为酒精对人类发展是有益的。对他们来说,要是在吃晚餐的时候不喝点酒,就会使饮食带来的满足感受到损害。

在这方面,我无意去讨论这种饮酒的习惯与使用酒精所带来的一些影响,我只是希望能够避免就这些方面进行过分复杂的讨论。尽管如此,我还是想表达个人的一些看法,这些看法与很多人对此所持观点相同。那就是习惯性地使用酒精,特别是在儿童与青少年时期,这会成为影响拉丁民族不断发展的重要阻碍。显然,我是在发现了很多这类让人不安的事例之后,才得出了这一结论的。

但是,有人可能会说,我们当代人最关心的还是每个个体的发展,而不是整个民族的发展。可以肯定的是,一个人的不良表现不能成为整个民族否定酒精使用的合法性的理由。我们也必须承认,从一般的原则出发,那些通过自我控制从而有节制地喝酒的人,是值得我们尊重的。但是,对绝大多数人来说,彻底戒掉饮酒习惯,这要比有节制地喝酒更好一些。聪明的个人可能会通过亲身的经历去说明，屈服于任何一种诱惑都有可能会让我们之前的努力付诸东流，这样的行为也根本无助于我们的身体健康。

在晚餐时喝一杯红葡萄酒，这似乎也是一种对酒精的恰当使用，这基于一种幻觉性的原则。这应该能够帮助我们消化很多食物，让我们的身体感到舒服，或是刺激我们的心智去做不正常的事。无论在哪种情况下，酒精都能刺激我们做一些不正常的事，从而让我们的身体做出一些不当的行为。健康的消化系统与健康的心智并不需要任何外在的刺激去实现。

从某种程度上来说，同样的道理也可以适用于茶叶与咖啡。当然，茶叶与咖啡带给人们的安慰性作用与酒精是不同的，它们所造成的危害远远没有酒精那么巨大。尽管如此，有时茶叶与咖啡对人体的危害也要比想象中更加严重一些。烟草带来的危害是慢性中毒，这样的一种危害要比茶叶或是咖啡更加严重。烟草具有的毒性能让我们的身体慢慢地适应，一段时间后才给我们带来明显的影响。我们的身体对此并不能免疫，即使是少量的尼古丁也会给我们的身体带来不良影响。

当然，这是成千上万人都应该知道的一个事实，即一些常年习惯性吸食烟草的人都能安度晚年，似乎他们根本没有受到这一坏习惯所带来的任何不良影响。我们也不应该忘记烟草这种东西给他们带来的愉悦感。尽管如此，我大胆地预测一点，那就是在你的 12 位烟民朋友当中，至少有 10 位朋友会说，他们认为要是能够不抽烟的话，自己的身体状况会更好一些。他们中绝大多数人都承认，在某些时候，他们曾经发誓要戒烟,最后还是因为无法抵挡住诱惑而又复吸了。我觉得,他们中没有一个人会认为抽烟有助于身体健康。

换句话说,绝大多数烟民都会承认,他们已经成为了这种习惯的奴隶,而他们也知道这样的行为对身体有害。绝大多数烟民都希望自己的儿子不要吸烟,尽可能地远离烟草。这样一个事实也充分证明了烟草所带来的危害。但是,人类模仿一些行为的倾向是那么强烈,任何的说教与警告都会被他们抛在脑后,所以我们看到很多年轻人追随着父辈的脚步,成为了资深的烟民。

尽管如此,我还是想给出一个建议,每个人都需要知道,运动员在为重要的比赛——如足球、划艇、拳击或是其他比赛——进行准备的时候,都需要进行高强度的身体训练——这通常都需要运动员完全远离茶叶、咖啡、酒精与烟草。这似乎很容易帮我们得出一个结论,那就是每个人都有足够的智慧去帮助自己远离这些东西。你可能会说,这就需要你过上一种节欲的生活。其实,这完全取决于你对此的看法。这个世界上其实有很多其他东西可以满足你的需求。当然,拜伦说过一句名言:"我要去挖掘"清楚"的矿藏,直到找到真正具有价值的新闻,然后我要说一声晚安,我已经真切地活过了,这已经足够了。"如果你遵循这样的名言,我觉得任何的话语都不可能吸引你的目光。如果你想要过上一种更加长寿、理智且幸福的生活,那么这样的思想是值得你去深思的。

但要是我们根据从这些名言里得出的结论进行判断,我们必须要反思一点,那就是绝大多数经常使用这些东西的恶人都不会在这些方面听从自己的意志。他们仿佛成为了自身最大的独裁者,习惯已经让他们无法控制自己，无法远离这些东西所带来的诱惑。当这些人开始拒绝这些东西的时候，他们才迈出了摆脱坏习惯的第一步。一些人似乎能够由始至终都控制着自己身体的欲望，但这样的人是极为罕见且值得敬佩的。即使是这样的一种自我控制也要求坚持不懈的态度，需要我们不断用良好的习惯代替不良的习惯。诚然，我们对身体需求的完全调节，在很大程度上会让我们摆脱之前的挣扎，建立起一套良好的生活习惯，从而对抗之前不良的生活习惯。无论我们处于什么程度的生理状态，这样的身体机能都能够机械般地获得能量，让我们去做到最好，实现最大的目标。

但是，你肯定不想成为一台单纯的机器吧。当然你同时也希望自己能够彻底远离这些东西。在你出生之前，很多事情都已经决定好了。你的身体就是一台机器，需要遵循一些大家熟知的身体与化学法则，你的心智能够正常运转，取决于你对这些法则的遵守程度，最后，你的身体也需要据此进行改变。

你没有别的选择，只能这样去做。

你的唯一选择就是让自己的身体成为一台保养良好的机器，不要让自己的身体变成一台破烂不堪的机器。无论你想要成为自身习惯的主导者，还是想要成为这些习惯的奴隶，你都需要做出决定。我们在上面已经说了那么多，该做出怎样的选择，我想你已经心知肚明了。当然，我们每个人都想着努力追求更大的幸福。

第三章　健康的身体

千万不能盲目地做一些事情，而要去做需要完成的事情。这样的话，你才能愉悦地度过自己的人生。你必须要认真关爱自己的身体与健康情况，同时在喝酒、食物与锻炼方面都保持一定的节制。我认为，这样的节制能够让你远离身体的痛苦。

——毕达哥拉斯

掌握知识的人与缺乏知识的人之间存在着巨大的差别，那些进行过锻炼的人与没有进行过锻炼的人之间同样存在着巨大的差别。现在，理想状态下的男人与女人，都应该以正确的眼光去看待事物。女性要能更好地照顾孩子，男人要能更好地进行教育。对于男孩与女孩来说，他们的身心都应处于一种健康的状态，他们可能不会因为一些不良的习惯而影响到自身的天赋。因此，很多不良的习惯都是可以避免的。

——柏拉图

任何想要拥有健康身体的人，还需要注意关于身体健康的另一个方面，那就是他们需要对未来的幸福充满期望。让我们的身体得到良好的保养，远离各种不良习惯所带来损害，这些其实都还是不够的。对于那些长期需要久坐工作的人，他们还需要关注对自己身体的肌肉系统方面的锻炼。对于一般的男女而言，很多人都从事着脑力工作，而非体力工作。因此，我们可以说，在这些人当中，有不少人身体的肌肉系统都是处于一种相对需要锻炼的状态。

造成这一困境的基本原因可以从有关生理方面的一些最简单事实中找出来——这一事实就是，人类身体的肌肉系统，与任何其他动物的身体机能系统一样，都是按照以下这样的方式发展起来的，只有当我们不断使用这些机能的时候，才会使其变得更加强大，若是我们不经常使用的话，这些机能就会逐渐退化。让肌肉时不时地进行伸展，这是肌肉能够做的最直接行为，只有通过不断地锻炼，身体的肌肉才能逐渐成长，变得强壮起来，最后让整个人体处于一种健康状态。当然，在其他条件都比较适宜的状态下，适当地进行运动也是非常好的。不过，若是我们对身体其他器官的情况缺乏深入了解，那么我们对身体肌肉的了解也不可能充分。因为身体的每个器官与部位都是相互依赖的。肌肉能够通过其自身直接或是初始的功能去进行收缩活动，但对于那些常年没有运动的人来说，这样做的用处可能不是很大。这样的影响可以通过两个方面表现出来，一方面是血管，另一方面是神经系统。

每一种肌肉收缩除了能够给我们的身体带来健康程度上的变化，同时还能对血管进行挤压，加速血管里的血液流通，从而加速血管里的物质的传送。因此，肌肉的收缩都有合理的限度，这一切都是通过心脏的调度与指挥去完成的。因为身体的每一个器官（当然也包括大脑）的正常活动都完全取决于血液的供应量。而肌肉所带来的间接影响能够通过身体的各个器官表现出来，这也是极为重要的。

神经所产生的影响并非很明显，但这样的影响却更为重要。肌肉细胞与大脑细胞就像是一块电池的两极，一条神经总是与另一条神经存在着联系。极为重要的神经动机能够传送到每一条受到触碰的神经上，而这些动机是否能够完整地传递下去，这取决于神经两端的细胞的完整性，同时这也取决于神经本身的完整性。若是神经的细胞被破坏，那么肌肉细胞与大脑细胞都将会失去它们各自的功能，会让人遭受严重的影响。在正常状态下，只有在神经系统发布了收缩命令之后，才会让肌肉出现收缩的反应。这源于肌肉细胞所传递出来的肌肉动机能够刺激大脑细胞，从而使之能够做出正常的行为。要是这二者中的一种细胞受到了伤害，那么另一种细胞也会因此受到影响。

也就是说，任何一个人身体的肌肉受到了一种伤害或是毁灭——让我们假设说是手臂被截掉了——这其实就会让这个人的大脑内负责管控手臂的细胞处于一种"枯萎"状态。他的神经中枢系统就会受到严重的伤害，同时他的肌肉系统也会受到明显的影响。这并不是人们臆想出来的结果，而是真实存在的，且已经得到了医学方面的证明。有些人甚至说，要是一些人的身体遭受了某种程度的伤害，这必然会造成另一些身体器官的损害，因为身体的这些器官都是相互联系的，不管这些联系是直接的还是间接的，都与身体的每一个细胞密切相关。

现在，我们可以看到，即便是身体遭受了小范围的伤害，这也必然会引起身体其他功能出现某种程度的弱化，这将会给大脑的健康带来一定程度的影响，让身体的其他每个与之存在联系的器官都受到牵连，这一切都会影响到身体肌肉系统的健康程度。那些想要获得健康身体的人应该更好地保护自己身体的肌肉系统。事实是，当他们做到自己想要做的事情后，他们应该允许自身的肌肉系统通过自然的肌肉收缩进行舒展。

肌肉所具有的能量能够保证我们的健康，这不仅能够给我们带来健康的身体。我们都已经看到了肌肉活动能够直接作用于大脑，现在，我们知道大脑是控制心智的器官。大脑可能并不会"像肝脏那样分泌出胆汁"。正如古代的一些哲学家所说的那样，大脑细胞的生理性活动对于意识的存在是极为重要的。不管那些形而上学者是否想要逃避这个事实，这都是他们所无法否认的。无论这些关于大脑与心智存在联系的合理性是否得到证实，这样的联系也是的确存在的。一个人若是拥有健康的大脑，那么他必然能够拥有健康的心智，而那些大脑生病的人也必然会有着病态的心智，这也是我们经常所说的。因此，既然一个完全健康的大脑只存在于一个健康的身体之中，那么我们就非常有必要让身体的每个细胞都处于一种健康的状态。

这只不过是从另一种实用的角度去说明，身体的每个器官其实都会对心智产生一定的影响，因此任何一种有助于我们身体健康的事情都能够给我们带来心理健康，让我们的每个细胞都处于一种健康的状态。

一个无法反驳的推论就是，在身体无法得到完全的发展之前，心智很难发挥其最大的潜能。我并不是说，一个身体柔弱的人就无法拥有强大的心智，这样的一种论述很容易就被人们认为是荒谬的。无论是我们的心智还是身体都有其遗传方面的限制。也就是说，那些身体孱弱却拥有强大心智的人若是能够拥有更加强大的身体，必然能够做出更大的贡献——因为当他们的身体处于一种最佳状态，心智也会处于最佳状态，最终必然能够帮助他们做出更大的成就。

可以说，按照这样一种观点，进行体育运动与在图书馆里静坐看书其实是没有任何冲突的。那些体育方面的专业人士与那些研究哲学的教授其实只是存在直接联系的伙伴而已。很多人喜欢使用哑铃（我举这个例子，只是因为这是很多人都喜欢使用的一种运动器械），这其实是一种锻炼智慧的方式。那些想要在绿茵场上踢足球的年轻人其实是在帮助自己锻炼身体，从而更好地学习古代希腊人的哲学。当年轻人审视着自己日渐粗壮的二头肌时，其实就是在审视自己不断成长起来的心智。这句话听起来可能会让人觉得牵强，但若是我们能够认真审视这个过程中心智所具有的潜能，就必然会知道这带给人们的重要影响。这样的说法是非常真实的。有这样一句话——"有健康的身体才有健康的心智"。若是我们从最为广义的层面去进行理解，就可以发现生理层面与心理层面的很多事实都是与此相关的。

这是因为我们每个人作为一个整体正在慢慢意识到，这些生理层面的事实所带来的影响正在让我们对运动产生极大的兴趣。在过去几个世纪里，火药的发明似乎将人体所具有的力量抵消掉了。随着人类文明的不断进步，有关心理层面的理论正在变得越来越不那么重要。但是，现在我们却发现人类的身体与智慧是应该互促互进的。人类的心智与大地存在着密切的联系，因为我们最终都要归于大地，人的身体最后必然要安息于大地。

诚然，原始人有明显这样的心理倾向。他们必然要按照当时所处的环境去锻炼自己的身体。战争与各种纷争都会让他们深刻地明白一点，那就是依靠自身的能量去养活自己是多么重要的一件事。简而言之，他们会耕种土地，不断地种植粮食来养活自己。同样的情况对于当今生活在文明环境下的农民来说也是如此。这些农民并不需要别人去告诉他们要去锻炼自己的身体，他们几乎每天都要进行耕种，根本没有时间去思考别的事情。

但是，我们生活在一个城市的时代。年复一年，我们看到文明世界的人口在不断地增长，逐渐形成了一个越来越庞大的群体，越来越多的人都过着一种"室内生活"，因为很多人都需要通过上班工作去养家糊口。与此同时，每个人为了生存也付出了越来越多的努力。这种努力已经很少是单纯身体层面上力量的比拼了，更多的只是心智层面上的比拼而已。所以，我们到处可以看到这样的一种思维倾向，就是越来越多的人将心智层面的发展看得比身体层面的力量更加重要。

只有当注重单向发展带来的不良结果显现出来之后，我们才会发现双向发展的必要性。现在，我们知道来自农村的很多"新鲜血液"曾经为城市带来了全新的景象，但随后出生在城市里的一代代人却持续退步。很明显，如果那种群居性冲动不断膨胀，当前状况不发生改变，那么所谓的注入"新鲜血液"将毫无用处。现在，这样的思想已经渐渐为大众所接受，即身体的不断发展会为这一切提供坚实的基础。因此，我们将柔软体操引入了学校教育课程，为大学建造了体育馆，在城市里兴建了进行竞技运动的场所。现在，我们可以看到越来越多人都对竞技运动充满了兴趣，同时我们也看到了很多人对骑自行车充满了兴趣。

事实上，这种对竞技运动的热情其实根本不是全新的东西，而是一种回归自然的行为而已。现在，越来越多人只是睁开了沉睡已久的双眼，重新感受自然给予他们的教导而已。一个正常的孩子若是能够遵从自然所带来的本能，那么他就会处于一种持久的"运动"状态。这种持续的活动可以说代表着一种成长，也是对那些习惯隐居的哲学家的一种无声的指责。但我们也要看到，当代哲学家能够对这样的成长有所认知，也能够留意到别人的指责。

一个身心健康的男孩会积极参加体育运动，不断增强自己的体魄，让心智得到健康的发展，就像小鸭子通过在河水里游泳，不断成长的过程。然而不同的是，具有文明性质的年轻人必须要通过参加体育运动，才能有效地提升自己的心灵能力，而野生动物则需要为了自身的生存而不得不去提升自己的生理能量，只有这样才能保证它们在弱肉强食的自然世界里生存下去。这样的自然规律带来的结果就是，很多野生动物若是没有被暴力所杀死，那么也会因为身患各种疾病而死去。这些动物会成为自然规律的俘虏，因为无法与其他物种抗衡，最后失去了自身的活力，在很大程度上成为了疾病的受害者。

那些不愿意参加锻炼的文明之人也面临着相似的问题，他们需要远离疾病，否则很多人都无法活到 35 岁。缺乏运动并不是造成身体机能退化的唯一原因，但这却是一个很重要的原因。因此，当我们意识到这点之后，我们每个人都有责任去做出改变。在基于一种过分吹嘘的理性之下，我们应该消除这样一种原因，通过让身体接受恰当的运动，让心智得到更进一步的发展。要想获得这样一种能量，我们就绝对不能对此有任何的怀疑。我们需要认真决定的只有两样东西，第一样东西就是我们需要获得某种层面上的发展，第二样东西就是考虑我们该怎么去实现这个目标。

第一样东西就是我们需要获得某种层面上的发展，因为这有助于我们保持身体肌肉和其他器官处于一种健康状态，当然，我们只有在一般的状态下才能这样说。每个人都需要在日常的生活中保持一定程度的锻炼。但人们在设置工作职责时，很少会考虑我们的身体是否需要锻炼。当然，对任何个人来说，比较理性的做法就是让身体得到一种比较适当的锻炼，虽然这样的锻炼可能并不符合身体本身的要求。在一般的正常状态下，身体肌肉的活动都是会被绝大多数人所轻视的，很多人对胸部活动与上肢活动都没有给予足够的重视。几乎每个人每天都要步行一段路去上班，所以他们不得不每天运动自己的双腿肌肉。但就一般人而言，他们的胸部与上肢肌肉却因为缺乏锻炼，处于一种软弱无力的状态。

若是对一般人的手臂进行测试，就必然能让大家都对此有所了解。毋庸置疑，在过去的某个时代，我们的祖先的手臂曾与他们的大腿同样粗壮，也许他们的手臂甚至要比大腿更加粗壮。我们那些居住在树上的远古祖先就拥有这粗壮的手臂。但是，无数个世纪的步行活动已经让人体的四肢得到了完全不均等的发展。现在，人类的手臂根本无法与自身的双脚相比了。正常状态下，我们已经很难看到手臂与大腿一样粗壮的人了。很多生理学家会说，就种族演进的角度来说，人类的手臂其实该与小牛的小腿一样粗壮。

这是可以通过一种完全合理的标准去进行衡量的，任何人都会轻易地发现自己在某些方面的发展存在的缺陷。一般来说，卷尺量出来的数据就能立即显示出我们的上肢肌肉是需要我们多多关注的。没人期望一个为了健康而锻炼的人要把手臂锻炼得符合匀称的标准，而且他也没必要那样做。只要他们能够沿着正确的方向去锻炼，始终保持手臂、胸膛以及肩膀的肌肉处于一种正常状态，那么他们的身体就会处于一种良好的状态。只有这样，他们才能挺直胸膛，更好地让身体的血液通过血管流通，保持着健康的状态。

第二样东西就是考虑我们该怎样去实现这个目标。显然，我们可以通过许许多多的方法去做，但在现实生活中，这些方法几乎都是完全相同的。肌肉的第一种技能就是通过肌肉的收缩进行运动。因此，唯一能让肌肉得到锻炼的方式就是进行收缩方面的锻炼。在这个世界上，每个人都可以通过某一部位的肌肉收缩，更好地实现心智的正常的活动。正常状态下，当心智指引着肌肉做这些活动时，身体的中枢就会发出指令，让一些肌肉群充分发挥它们的功能，从而执行这些肌肉活动。

因此，我们可以看到身体发展的本质是非常简单的。任何能够让肌肉产生收缩活动的行为都是一种对身体肌肉的轻微运动，能够让肌肉处于一种不断发展的状态。任何一个拥有常识的人都会为自己制定这样的运动计划，让身体某部分欠发达的肌肉得到锻炼，使之变得强壮起来。即便不少人对生理解剖学的概念不是很了解，但他们也知道应该这样去做。我们需要记住，所有的身体活动都是因为肌肉的收缩而出现的，所以人们只能通过类似于实验性的运动去让身体的某一组肌肉处于一种运动状态。要是身体的某些肌肉群处于一种不良的状态，那么我们就该通过锻炼使之变得强壮起来。不断重复这样的行为，你就能拥有强壮的肌肉。

其实，我们并不需要多么好的运动器械，只需要有哑铃、瓶状棒或是滑轮机器就可以了，因为这些运动器械能够让人体的各部分肌肉处于运动状态，让身体的肌肉通过一种抗压的训练变得越来越强壮。一种简单的方法就是，用一只手不断地挤压胸部，然后换另外一只手去挤压，不断地重复。同时，双手、手臂以及肩部都不能在这个过程中改变他们的位置。通过这样的动作，手臂、肩膀以及胸部的每一部分的肌肉都能够得到有效的锻炼。

特别是在胸部的锻炼上，这是绝大多数人都需要锻炼的身体部位。很多人都忽视了柔软体操在这方面的重要性。其实，柔软体操的这种简单锻炼方式是非常有助于胸部锻炼的。据我所知，没有比柔软体操更能够锻炼胸部肌肉的方法了。关于这种锻炼的最好方式是极为简单的，我们可以在任何时候通过任何方式去进行锻炼——这可以是在你躺在床上的时候，也可以是在你走路或是站立的时候，或是你背靠着椅子，休息一阵子的时候。总之，这种锻炼方式可能是多样的，但其效果却是非常明显的。你可以变化双手的位置，将手放在后背上，做出一些垂直的姿势或是一些水平的姿势，让身体得到舒展。这些身体动作的变换与位置的改变，能够让你很好地锻炼身体的肌肉，使之处于强壮的状态。

要是我们能够系统化地进行这方面的锻炼，就不会高估这些运动所带来的重要价值。特别是在我们进行30分钟的双脚锻炼时，双脚要用来推动推进器，这样的锻炼对于绝大多数人来说都是非常有用的。这样的锻炼不仅对身体是有益的，对心智的发展也是非常有益的。我们会逐渐消除之前的懒惰心理，让心智处于一种正常的状态（当然，除非在这个过程中真的出现了某种疾病的打扰）。

但是，进行这些锻炼的真正困难之处在于，很多人找不到继续坚持锻炼的动力，很少人会有足够的毅力去每天坚持这样的锻炼。在经过一段时间的训练之后，他们就会感觉到肌肉处于疲乏状态，同时心智也处于一种沉睡的状态。在此，我们必须要提醒一句，若是单纯为了锻炼的缘故而去选择锻炼的话，那么这是一个非常无趣的过程。很少人能够出于这样的目的坚持锻炼很长一段时间，也无法得到最后的回报。如果我们想要得到最好的锻炼结果，就必须要对运动本身有一定的兴趣。

这种兴趣可以通过其他一些充满竞争性的运动方式去获得，这也是以敷衍方式锻炼身体与真正通过参加游戏的方式锻炼身体的主要区别所在。但同样重要的一点是，很多人都喜欢一些具有娱乐性的运动方式，而不是与柔软体操类似的活动方式。只有当我们在确保体育运动具有一定的强度之后，身体锻炼所具有的教育价值才能得到完全展现。恰当的身体运动不仅意味着我们需要对身体肌肉进行锻炼，还意味着我们需要让身体肌肉的锻炼达到一定程度，因为这对大脑的发展也是极为重要的。每一个肌肉群都会按照一种单一的方式进行收缩，但是不同的肌肉群则可以通过无限的方式去做出各种活动。

大脑通过发出控制性影响尽可能地让身体做出的各种行为处于一

种协调的状态，因此，这就需要我们对大脑的其他部分进行一定程度的训练。因此，通过竞技性的运动去锻炼是具有教育价值的，这是那些单纯为了运动而运动的锻炼所不具备的。

那些想要通过参加竞技性运动去锻炼身体肌肉的人，只要他们能够坚持一段足够长的时间，就很有机会实现这样的目标。因为当他们看到了积极的结果之后，就会对这些锻炼活动充满了兴趣。他们能够从这些锻炼活动中感受到乐趣与好处，而快感本身就能给他们带来精神上的愉悦，而这些愉悦的情感本身就对我们消除疾病具有一种积极的作用。在运动的过程中，不仅我们的身体肌肉得到了锻炼，而且我们的双眼与大脑也得到了锻炼。我们将会发现坚持进行锻炼带来的好处，这是我们很难从其他活动中感受到的。即便某人不崇尚个人主义，他也将学会"自强不息"。当我们的身体运动处于积极的状态时，我们就能够更好地调动自己的身体能量，让整个人的身心能量处于一种最佳状态。简而言之，人们对体育竞技的训练能够给他们带来一种持续的发展，这必然能够让他们在上课或是学习的过程中得到更好的帮助，也会为他们在现实生活中带来积极的帮助。

至于竞技运动的某种具体方式，我不需要进行过多的细节阐述。如果你生活在乡村，那么网球与高尔夫球再加上划艇与自行车骑行，这些都是非常不错的运动方式。对于生活在城市的人来说，参加户外运动的机会并不多。对他们来说，到运动馆去进行身体的锻炼，这也是不错的选择。

到运动馆去进行锻炼，最好的运动就是手球、摔跤与拳击。

每一种运动都需要我们调动身体的一些肌肉群，但如果你想要身体得到全方位的训练，那就需要坚持将三种以上的运动一起来做。你可以通过哑铃、轮滑以及平衡杆等器械进行协同锻炼，运用各种不同的运动器械，特别是通过捶打吊袋的方式去进行运动，我们最后提到的这种运动器械本身就能替代一位拳击陪练。这对于女性来说更是提供了不少好处。事实上，吊袋本身就是属于柔软体操的一种运动器械，它使我们能够更好地进行捶打与训练。

剑术这种运动从某种方面来说也算是针对某一方面的锻炼，虽然这无法与拳击以及摔跤的运动量相比，但剑术这项运动却是适合男女的。剑术这种运动能够训练双眼的反应程度，锻炼身体的灵活程度而不是肌肉的力量。从这方面来看，这与拳击手是有几分相似的，因为身体肌肉需要不断进行收缩才能与别人抗衡，这与摔跤这项单凭体力的运动是有所区别的。一些优秀的摔跤手并不会被那些旁观者视为是懒散的，但是他们表现出来的肌肉活力却是与拳击手和剑术手不同的。任何人都无法在摔跤与拳击两方面都成为冠军，虽然不少人可能精通这两种运动。

对于想要获取身体健康的体育爱好者来说，我个人认为，摔跤是最好的室内运动。摔跤这项运动在古希腊被认为是一项高贵的运动，因为它是所谓"五项全能"的标准运动之一，其他四项运动是跑步、跳高、投掷铁饼以及标枪。对于绝大多数当代人来说，他们可能都会在身体适合的状态下进行尝试。在运动馆进行运动的一个小时里，最好抽出20分钟的时间去摔跤。接下来的40分钟则可以用来举重、捶打吊袋，然后再花6~8分钟用于练习拳击——当然，我们要明白一点，你必须要通过循序渐进的运动方式才能让身体处于一种"健壮"的状态，这才能让你在没有忧虑与疲惫的状态下度过这充满运动强度的一小时。

在运动过程中，我们会流汗，毛孔会处于一种张开状态，你的心跳也会充满力量，肺部会处于一种最强的呼吸状态。运动过后的5～10分钟，你可以到淋浴室里洗澡，首先用热水洗澡，逐渐调到冷水，让你的身体在这个过程中感受到最为强烈的变化。

你可以在洗浴的过程中进行身体的按摩，或是用干毛巾进行摩擦——那么在你走出体育馆之后，就会感受到身体充满了能量。

你可能会觉得每天抽出一些时间去进行身体锻炼是不切实际的。如果你的身体肌肉处于一种疲惫的状态，那么你必然会缺乏做事的动力。一旦你知道了锻炼带来的好处之后，就不需要别人告诉你要抽出时间去进行锻炼了，你会主动抽出时间这样做。因为你会在运动的过程中，感觉到自己的身体状况正在不断得到好转，重新激发了对工作的热情，进行持续工作的能力也得到了增强。

但还有一点必须要说明，那就是我们进行身体锻炼的时间是要有限制的。与从事任何其他活动一样，我必须要提出一两句警告的话语。绝大多数好的事情要是处于一种过犹不及的状态，那就会变成不好的事情了，身体的锻炼也是如此。身体的肌肉系统必须要得到适当锻炼，只有这样才能发挥其最大的能量，保持我们的身体健康。但若是我们漠视生理层面上的限制，就可能适得其反。事实上，每个人都绝对不需要走上这样的一个极端，因为走向极端只会让我们偏离之前想要实现的目标。要是我们在进行锻炼的时候走上了一个极端，就很容易给身体带来额外的伤害，给心脏带来额外的负担，对身体器官带来不良的影响。若是心脏在运动的过程中遭受了伤害，这会对健康造成严重的影响，甚至可能会影响人们的寿命。

在此，我们需要指出，我们投入到身体锻炼之中的时间与从中得到的好处不一定是成正比的。对一般人来说，即便他们在没有目标的情况下进行锻炼，也不会因此而受到什么伤害。从某种意义来说，运动或是参加某一项体育活动，可能会发展为一种不良的习惯。我们可以看到大学里很多学生对足球的过度狂热带来了一些不良的影响。

但这种过度的行为只是从另一个角度说明了，人生中许多事都是过犹不及的。那些想要通过过度锻炼而掌握技能的人，是相对较少的。这些人所产生的所谓积极影响，不过是告诫一般人不要去以这样的方式进行运动而已。如果我们还能够清晰地记住过度运动所带来的各种伤害，那么我们绝对不能忽视缺乏运动带来的各种严重伤害。当我们知道了运动本身的好与坏之后，我们就能找到一条通向健康与幸福的康庄大道。

教育有两个分支，一个是体育教育，这是关注人类的身体，另一个是音乐教育，这是关注人类心灵的提升。

——柏拉图

机体对食物的需要，给我们带来了无尽的烦恼；机体易于患病使我们停止或放慢了追求真理的脚步；机体在各种爱意、欲望、恐惧、幻想、谬误和愚蠢的干扰下很难产生人们所说的思想。

——苏格拉底

第四章　如何睡觉

去做那些不会给你带来伤害的事情，在做出行动之前认真思考。在你完成每天的工作之前，不要闭上自己的眼睛去休息。请认真思考：我今天做了什么？我经历了什么事？我还需要去做哪些事情？你首先要从第一个问题开始思考，然后逐一思考剩下的问题。如果你有不当的行为，就要责备自己，但如果你发现自己有正确的行为，就要嘉勉自己。

——毕达哥拉斯

自然的法则并不要求我们睡得太多，无论是对我们的身体还是灵魂，抑或就我们做出的行为来说，都是如此。任何一个处于睡梦状态的人其实都是一样的，因为沉睡状态中的人其实跟死人是没有什么区别的。但是那些对生命与理智有着最大追求的人都是想要长时间保持清醒的人，他们只需要为了保全健康而预留必要的睡眠时间。如果我们养成了正确的睡眠习惯，那就不需要过多的睡眠时间。

——柏拉图

若是我们想对身体需求的概念进行更进一步的补充,就必须要考虑诸如吃饭、喝酒、锻炼等事带来的一些影响。现在,我们必须要充分考虑睡眠带来的一些消极影响。

乍看起来,睡眠只不过是一种消极状态,是身体功能的一种停顿,而不是展现身体功能的状态。我们可以清楚地看到,没有比以恰当的方式进行睡眠更加简单且容易的事了。身体的其他一些功能可能会处于一种过度、不足或扭曲的状态,但是身体的不良状况若是出现在睡眠的时候将给我们带来更大的影响。在成千上万例失眠的例子里,我们都可以证明这为精神失常敞开了大门。在睡眠太多与睡眠不足之间,我们最好还是选择睡眠多一些,但最好的状态还是以恰好充足的睡眠为准。自然需要我们通过睡眠去补充身体的能量。若是我们不遵循睡眠的规律,必然就会让身体遭受一些伤害。当我们在一个小时内做某事过度,就会发现自己在这个小时里失去了有意识的生活,也失去了可能得到的机会。在这样一个大家都非常匆忙的时代,这可能就是成功与失败的分水岭。每一位拥有雄心壮志且认真思考的人都必须要将自身的兴趣转移到这个实用的问题上:我们该睡多久才算是充足呢?

18世纪时,本杰明·富兰克林就曾直截了当地回答了这个问题:"男人睡六个小时,女人睡七个小时,只有傻瓜才一天睡八个小时。"

与绝大多数为人们所传颂的格言一样,富兰克林的这句话其实也并不是十分准确的。富兰克林显然是按照自己的标准去对别人进行衡量。他的这句格言只不过是带有一定自我性质的东西。看到像他这样一天只睡六个小时,依然能够拥有卓越思维的人,这是非常有趣与富有教育性的。但其他人则不能归于此类。他们可能会将"男人"与"傻瓜"一词进行调换，然后才觉得这句话是非常合理的。

一个简单的事实就是，正如我们都知道且应该都知道的，每个人都是不同的，因为我们很难找到一条共通的标准来衡量所有人。一些人一天只需要睡五个小时，更多的人则需要一天睡六个小时，但一些人一天必须要睡七个小时，还有不少人一天要睡八个小时左右。若是我们按照富兰克林那句话的字面意思去看的话，就会发现傻瓜需要比正常的男女睡更久的时间。傻瓜与正常人的区别并不在于他们睡得更久一些，而在于他们的睡眠质量。如果一个正常人在白天的时候总是处于一种半梦半醒的状态，那么傻瓜可能就是处于1/10的清醒状态。

在此，我们还必须要补充一点，那就是每个人的需求都绝对不可能成为评判别人行为的标准。一个人可能习惯比其他人多睡2～3个小时，因为他们养成了我所说的懒散睡眠习惯。这种过分懒散所带来的惩罚不仅会给他们造成时间上的浪费，而且质量不高的睡眠也会让他们的心灵意识受到伤害。虽然人的大脑在睡眠状态时从未处于一种静止状态，而且尽管几乎所有的睡眠都可以从理论上被称为是一种睡梦状态，但可以肯定的是，在深沉的自然睡眠中，大脑的活动处于减缓状态，以至于它的机能甚至都达不到潜意识水平。深层次且自然的沉睡就需要我们在一段思想完全空白的时候去找寻这样的意识。心智的能量已经沉没在意识之下。按照不同状况，我们都应该知道，这样的状态绝对不可能使我们进行自身的有意识活动。过去的经验已经告诉我们，在正常的睡眠状态下，神经的能量（在精神层面上的心智）能够持续地沉入更为深层的状态，持续1～2个小时，直到最后我们失去了意识。沉睡的状态可以是一种深层次的睡眠状态。从这点来看，潜在的能量会逐渐增强，就像一波持续形成的海浪，沉睡的状态也会逐渐浮上来，直到我们最后达到了一种有意识的层面，那么睡眠者就会醒过来。

如果我可以这样表述的话，那么意识其实就是从深度睡眠中醒来，这样说应该是没有什么问题的。在深度睡眠的状态下，睡眠者要想苏醒是很不容易的，因为在他醒来的时候，会感到非常困惑，最终又会陷入到无意识的状态。这些熟悉的情景是绝大多数人在晚上醒来的时候都会感觉到的。比方说，医生们经常会发现，在短时间的睡眠之后突然被叫醒，会感到很痛苦，尽管他们并不太在意夜里的求医电话。一声铃响会将一位医生唤醒，因为他的心智始终都会对铃声做出反馈。但是，如果他是从深层睡眠中醒来，会感到瞬间困惑，也许甚至因神经功能被突然唤起而导致头疼。如果他是从浅层睡眠中醒来，会马上清醒而且也没有压迫感。

机体在意识消失后很快就会进入活动水平最低状态，这个事实引发了当前的一种说法，"午夜前一个小时的睡眠相当于午夜后两个小时的睡眠"；这一说法常被奉为真理，仅仅是因为大多数的人都会在午夜前1～2个小时就寝。就此事而言，午夜时间与睡眠没什么关系，因为在其他条件相同情况下，真正起作用的是睡眠最初的几个小时，也是最舒适的几个小时。

很多人都持这样错误的概念，就认为睡眠在醒来之前的那个阶段是最为深沉的，这样的说法其实与另外一个诡辩存在联系——在黎明之前，黑夜是最黑的。当然，这两种说法都有悖实情。如果真像人们常说的那样，印第安人很擅长在黎明时分偷袭营地，那无非也是因为整夜警醒的营地哨兵很可能放松了戒备而入睡。在正常状态下，一个睡了几个小时的人通常都不会失去自身的意识。他会逐渐接近自己的苏醒点。确实，总体来说，机体的生命活动在黎明前的几个小时里处于最低水平，但是大脑存储的潜在能量在释放时就产生了意识，而且这种能量会随着睡眠的继续越来越受到压迫。

关于在苏醒时大脑究竟处于什么状态，很多说法都是推测性的。但是，一般来说，可接受的说法是，意识是大脑中一系列破坏性生理变化引起的。人们认为，在发生这种破坏性活动的同时，也在发生着构建和修复性活动。但是人们还进一步认为，在清醒的时候，人类大脑中的破坏性强度远超过修复性强度，因而在破坏性超过一定程度时人就有必要进行周期性的睡眠。思维器官必须经常性地关闭以做修复。这种观点认为，只要大脑中的破坏性生理变化过度就会产生意识，而睡眠则是最重要的恢复过程。很难证明这种说法描述的恰是事实，但是，总的来说，这种说法与事实相当吻合。

还有一种状况也是需要我们去注意的，这是心理活动的一种间断行为，这样的心理活动并不是严格意义上的意识活动，虽然在我们清醒之后能够回想起来这些事情。这一中断的时期可以被称为梦境的状态。至于这些梦境状态是否处于一种正常状态，这个问题是值得讨论的。但这种情况其实还是有点不那么正常的。在进行一般性的讨论时，这样的感受是我们很难去理解的。

既然这样，什么是梦境呢？

就我们目前掌握的所有知识来看，梦境是大脑某个独立或是部分区域活动的结果,在某个时刻,大脑的一般性能量会处于意识的边缘。在我们苏醒的时候,大脑的一部分或是其他部分会处于最活跃的状态,但这些细胞始终都会与其他的大脑细胞处于一种协同的状态。结果是这样的意识始终都无法变成一连串的思想,而是变成了一系列不那么鲜明的思想,让我们能够对没那么鲜明的思想有所了解。这种附属性的思想能够让心智获得一种全新的视角——这就是所谓的"第三维度"——这些维度时常能够给我们带来积极的影响,让我们能够用理性的眼光去看待身边的事物。若是我们缺乏这样的心理视野或是对此进行限制的话,这其实是因为我们的大脑活动处于一种不活跃的状态,这与我们的梦境以及苏醒之后的意识存在着本质区别。正是出于这个原因,梦境的思想才会看似对心智具有这样的束缚。想象中最奇怪的产物都会在睡眠的过程中出现,同时不会让我们看到一系列修正性的思想,让我们觉得梦境中的一切都是可怕的现实。也许,除非我们大脑的其他部分都能被唤醒,否则这样的梦境是不会消失的。睡醒后我们才可以感受到这些修正性的概念以及记忆。

正如我们所假设的那样,如果梦境代表着大脑所有不协调的心理活动,那么了解造成这种不合时宜以及不当活动的原因就显得非常重要了。与其他所有的机能活动一样,这是对外部刺激做出的一种反馈。这样的刺激可能会在当前的那个时刻处于一种运转的状态,或是在我们苏醒之后的某个时刻依然处于运转的状态,从而给我们带来心灵的不安与烦恼,但是,这些都不会让大脑陷入深层次的不安状态。能够直接产生影响的刺激都是一些不同寻常的声音,或是一间空气不流通房间里的有害气体,或是身体的某一部分处于挤压的状态,或是身体的消化器官出现了消化不良的情况,等等。就现在的状况而言,对于除大脑之外的身体任何部位来说,这些外在的刺激都会传送到大脑。这样的刺激也会让我们产生梦境,这些梦境通常都是源于身体内部的。

显然,大脑的状况在很大程度上决定了任何外在不安的刺激所带来的具体结果,这可能源于我们在睡梦中的任何感受。在深层次的睡眠中,一种非常活跃的刺激可能无法让身体做出充分的反馈,从而记住梦境里发生的一切内容。当大脑从这个过程中慢慢苏醒时,更为轻微的刺激可能就会让我们产生一连串的梦境。在我们即将要睡醒前的几个小时,当整个大脑都处于要苏醒的状态时,大脑里的所有细胞都会连接起来,拓展我们的心灵视野,对梦境的背景以及范围产生一定的了解。

因此,在其他条件完全相同的情况下,梦境不仅会时常出现在早晨的时候,而且这样的梦境更能够接近我们苏醒时产生的各种思想,这段时间出现的梦境会更加多一些。这样的一个事实几乎是每个人都能够在起床之后感觉到的。人们可能会在浅层的梦境里睡觉,而梦中的画面可能会掠过他们的脑海,这与他们在苏醒之后产生的幻觉是相差无几的。有时,这样的幻觉会让人对此产生一种疑惑不解的态度。无论人是否真的再次沉睡了,当他们再次苏醒的时候,都会产生这样的感觉。在这样的时候,这些形状各异且不成比例的画面就会缺乏一副背景——这就是所谓的梦魇。有时,梦魇的出现意味着这些画面已经在我们入睡的时候便产生了。

无论这样的情况是出现在梦境的早期还是晚期,无论这是一幅清晰还是模糊，痛苦还是愉悦的画面，这样的梦境都必然会被视为心灵循环中一些让人不大愉悦的元素。任何习惯性做梦的人都不会在梦境中得到最大的好处。在人做梦的时候，人的大脑可以说是处于一种相对静止的状态，并不像白天清醒时那样具有那么强大的修复能力。当然，在正常的生活状态下，一定程度的内心不安是可以避免的。自然会以善意的方式让我们感受到这样的恩赐，同时给我们带来视觉层面上的刺激，但自然发出的声音也是很容易被我们所压制的。幸运的是，大脑很快就能够通过自身的调整，将身边的噪声的影响很快地降到最低。当我们身在梦境的时候，火车的呼呼声，撞击大钟发出来的声音，吹起来的口哨声以及其他类似的声音，都无法在我们经常体验到这些事情之后，再给我们带来任何其他不同的感想。当我们认真思考治疗睡眠的问题时，很难对此进行改变。

我们的大脑无法充分地抵御各种不同寻常以及出人意料的声音。可以说在任何能够给我们带来不良影响的环境下，我们都很难找寻直接的安全庇护所。但是，这些声音无法阻挡我们深入梦境的世界，而光线的出现甚至比不上声音对我们梦境的影响，当然这是对那些养成了良好睡眠习惯的人来说的。一个疲惫男孩的睡眠状态可以充分说明他将外部世界所具有的反馈性活动都排斥了，从而使其在不受任何打扰的情况下安然入睡。即便你在他身旁开了一枪，枪声可能都无法将他完全惊醒。即便是他辗转着身子，处于一种半醒的状态，也有可能再次沉入更加深沉的睡眠当中，而这些外在的刺激可能都被他视为一场梦境，继而被他所遗忘。一个养成了良好睡眠习惯的成年人在睡觉的时候就像是一个男孩，这一点从他们的沉睡程度上是可以看得出来的。他可能在儿童时期并不能获得那么多的睡眠时间，并且必须要在当下努力地弥补小时候所浪费掉的时间，从而增强自己的成长。但是，如果一个成年人只是想要得到自己所需的睡眠，那么他就会以非常正式的方式这样去做。因此，他的睡眠质量可能就与一个孩子相差无几。

拥有很好睡眠习惯的成年人并不多，这是毋庸置疑的，很多人都想要养成这样的睡眠习惯，这一点也是不需要争辩的。但是，他们应该怎样才能养成了良好的习惯呢？要回答这个问题，我们之前的讨论可以视为一种铺垫。

此时，我们要始终记住一个事实，即每一个个体在某种程度上都需要在这件事情上对自我进行衡量。我将努力按一般性的标准去讲述一些实用建议，然后你们才能加以运用。当我提到良好的睡眠习惯时，我的意思是这样的睡眠习惯能够让你们的身体机能在最短的时间内得到复原，让你们在睡醒之后充分利用宝贵的时间，从而做到更好。

但是，我们绝不能单纯地将睡眠时间缩减到最低限度。不同的人在睡眠时间上都有着不同的需求，这点是因人而异的。每个人都应该努力发现适合自己睡眠的最少时间，然后按照这些时间去进行相应的分配与调节。

我们要记住一点，即如果有必要的话，我们每天最好要睡上八个小时，然后再开始一天的工作，因为这样会让我们的大脑处于一种更加活跃的状态，让我们更好地去做需要做的事情。一个头脑完全清醒的人能够在接下来清醒的十六个小时里更好地完成工作，这是那些因为睡眠不佳而头脑昏沉的人所无法做到的。

要是我们每天早上五点的时候强迫自己醒来,在大脑无法完全适应一天的工作时就起来,这简直可以说是一种愚蠢的做法。我们宁愿一天睡八九个小时,从而让心智的效率提升到最高的程度。如果我们通过多睡一小时,提升了这一天的工作效率,那么这一小时的睡眠时间则是非常有价值的。

无论怎么说,我们都应该尽量找到适合自己的睡眠时间,而不需要过分在意别人所说的睡眠时间。

在任何一个具体例子里,要想决定每个人应该睡多长时间,都会存在着困难之处。这个困难之处在于,很多人都过着不一样的生活,从事着不一样的工作,因此他们的生活状态与状况并不是完全一样的。人类的文明将很多人为的东西加在了每个人身上,而在睡眠这件事情上,每个人都应该有着自己的想法。人类是一种需要休息的动物。若是按照严格的自然规律来看,人类的睡眠时间在很大程度上是应该由太阳的升落起降来决定的。但是人类发明出来的电灯则让我们从这样的自然束缚中解脱出来了。我们人类能够从严格的自然束缚中挣脱出来,从而得到了进一步的进化。因此,在当下的时代,我们没有必要去争论是否应该按照过去那些陈旧的标准去控制睡眠时间。

即便是这样一句话——"早睡早起"——也是有点过时的。很多人是在半夜十二点的时候睡觉,到早上八点才起来,有些人则是晚上十点睡觉,第二天早上六点就起来了。虽然早睡会给人带来一些潜在的好处,但若是我们从现实的考量去看,就会发现这样的好处其实并没有多大。对那些习惯了城市生活的人来说,我可以大胆地说,可能晚上十二点睡觉的生活习惯要比晚上十点睡觉的习惯更加适合他们一些。为什么这样说呢？因为在城市的生活条件下，很多人都会因为各种事情忙到深夜，他们可能到戏院看戏，或是找寻其他让人愉悦的活动，打破了之前早睡的习惯，从而渐渐养成了晚睡的习惯。因为，这样的习惯性是我们养成良好睡眠习惯的一个重要方面。一个有时在晚上十点睡觉，有时在半夜十二点睡觉的人，很难说自己有什么真正的睡眠习惯。他只是在自己必须的时候才去完成睡觉这种强制性任务。如果这样的习惯持续下去的话，那么他可能永远都无法养成适合自己的睡眠习惯，也不知道如何充分利用睡眠的时间。

因此，养成良好睡眠习惯的第一个前提，就是让自己习惯在某个固定的时间去休息。有人说，这是挺难做到的一件事，但这却是必须要做到的。如果你必须要等到晚上十二点睡觉，那么你可能就要在睡眠中度过自己一天中一半或是 1/3 的时间。如果你能够坚持这样的话，也可以将休息的时间定在晚上十二点。如果你的工作是在第二天很早的时候就要开始，那么这么晚睡觉可能让你无法拥有足够的睡眠时间，这就会对你的日常生活带来严重的不良影响。这样的行为其实就是大幅度地消耗你的人生精力，让你不断消耗人生的宝贵能量，最终必然会让你的身体遭受惩罚。你必须要尽早地结束这一天的工作，然后在晚上恰当的时间入睡，才能够更好地保证身体的健康。

但是，无论你觉得什么时候入睡才是最适合自己的，一旦你选择了某一个睡眠时间，就要坚定地执行这个睡眠时间。当你这样做的时候，就能不断给自己的大脑灌输这样的思想，即不到那个时候，我就不能去休息。对某一个时间点产生一定的期望，这是很重要的。一旦你完成了这样的工作，那么养成良好睡眠习惯的第一步与最重要的一步其实已经被你所掌握了。你会惊讶地发现，一个固定的习惯会给你的身体机能带来非常神奇的影响。当你养成了这样的习惯之后，你根本再也不需要担心失眠了，因为你已经习惯了在某个时间点让自己的大脑处于一种休息的状态。当然，人不可能变成绝对意义上的机器人，但是当他在睡眠的时间上坚持一贯的标准时，那么在其他条件完全相同的情况下，他必然能够通过睡眠让自己的大脑恢复到一种更加活跃与积极的状态。

到目前为止，一切都算是正常。上床睡觉，这是一个自愿的过程，但是躺在床上休息，却并不一定意味着睡觉。要是你躺在床上的时候，你的意识依然在不由自主地运转呢？我们可以肯定地说，这是一个你是否能够管控自己的问题了。当你养成了良好的睡眠习惯，那么在你的头接触枕头的时候，你活跃的意识就会慢慢消退，直到你在第二天固定的起床时间。当然，虽然你可能养成了这样的习惯，但要想完全实现这个目标，你可能需要运用其他一些更加有用的辅助工作。我并没有谈论任何药物催眠的话题。这是你的医生应该去思考的问题，因为每个人在睡眠这个问题上都面临着不同程度的问题，所以医生所开的药方都是不同的。但我更想谈论一些简单方便的手段。

良好的睡眠其实就是与清醒状态时积极活跃的心智活动形成鲜明对比的状态。只有当大脑处于一种疲惫的状态时，才需要通过睡眠来对大脑进行修复。某些忧郁症患者甚至会接连几个星期都很少睡觉，因为他们的大脑会唤醒他们，这些患者会变得无精打采、精神恍惚。这些病人总是睡不着，但是我们却不能说他们是处于一种完全清醒的状态。这些病人的心智可以说是处于一种死气沉沉的状态，与那些处于半梦半醒状态时的人是差不多的。这些人根本没有做出任何的心智活动，没有对他们的神经活动带来任何有意义的影响。

与此类似，一个正常人的心智活动有时也会显得很不安，注意力不时从一个地方转移到另一个地方，然后有意识地专注于某个具体的事物，这可能会让他们的大脑感到非常疲惫，但当他们的大脑处于一种积极的状态时，是不需要休息的。这样的人可以通过睡眠来让大脑得到充分的休息，从而让心智在白天的时候处于一种积极活跃的状态。

但在这里，我们也会遇到很多与此完全相反的例子，那就是大脑会通过自身一些积极的反应，从而在睡眠时间到来的时候拒绝入睡。我们可以说，这可能是因为情感上有过度反应所导致的，而不是因为严格意义上智力方面的因素。当这样的情况习惯性地出现在一个人身上的时候，那么他很可能患病了。一个显而易见的治疗方式就是，我们晚上在睡觉之前，让心智进行愉悦且有趣的活动，比方说与人进行有趣的对话或是进行一些"风趣幽默"的阅读，让身心处于极为愉悦的状态。在睡觉之前洗热水澡，或是喝一杯温牛奶，这通常有助于良好的睡眠。

关于调整心灵状态的方法，还有许许多多，这些方法都有助于活跃的心智慢慢地平复下来，处于一种平和的状态。比如，我们可以通过数羊群，漫无目标地计算着羊群的数量，或者不断地重复着某一句话。这些心理暗示存在的最大缺陷就是，它们能够给我们的心灵带来一种错误的感受，虽然这些都是不怎么让我们感兴趣的东西，但靠这样的方式去集中精神，有时很难帮助我们得到想要得到的东西。据我个人的经验，一个更好的方法就是以这样的方式去进行心理暗示"将大脑里任何有系统的线条都打乱起来，然后将这些线条从我的心灵世界里彻底消除"。你们只需要在心灵世界里这样去做，就会发现当你们认真思考着某一个问题时，会产生这样的心理暗示"我不会去思考这个问题"。然后，你就能帮助自己远离这些方面的问题。当然，你可以通过心智的联系方式，立即与其他方面的思想联系起来。但如果这样的情况出现了，那么你会面临着相同的挑战。因为在你依然处于一种有意识的状态时，是很难入睡的。因此，你需要防止任何一种思想在你的意识里占据主导的地位，让每一种思想都处于一种臣服的地位，然后使这些思想慢慢地沉入到心灵活动的低级状态，直到你的意识完全消失。出于某些原因，每个人都可能通过自愿的方式去这样做。他们甚至可以在白天或是思想最为强烈的时候这样做。这样的做法所带来的好处，就是能够让疲倦的大脑获得休息。

当然，若是我们慢慢收回自身的意识，那么心智就会变成严格意义上的消极因素了。如果缺乏自我调整的思想进入到我们的大脑，就会让我们的心智处于一个梦境之中，这个过程缺乏直接的反馈。让我们充分了解到梦境不过是大脑之外的其他方面刺激带来的不良影响之后，通常就会想办法去阻止这些事情的出现。让我们留心自身的身体状况，晚上睡在一个通风透气的房间里，尽可能地远离外界的任何噪声，盖上一些被子，这些睡眠前的准备都能够给你带来一些积极的帮助。但是，我们特别应该留意自身的消化系统。身体的各个器官所产生的动机都会记录在大脑里，即便一些动机在意识的察觉范围之外，还是会被大脑全部记录下来的。在我们睡觉的时候，当绝大多数外在刺激都消退的时候，这些"有机"的动机就会扮演着相对重要的角色。如果在这些时候，消化系统做出了超越其本身应有的行为，比方说我们在睡眠之前吃了一些可口的食物，那么消化系统就会在我们睡眠的时候给大脑带来许多干扰性的影响。

在睡前喝牛奶以及其他容易消化的食物，从而缓解失眠的症状等这些问题，人们对此存在着一个很大的误解。在这个时候吃这些食物，其实是起到一种治疗性的作用，这能够帮助我们将血液从大脑转移到胃部，避免失眠症状的出现，帮助人体能够持续地修复一些病人大脑里那些遭受伤害的组织。在每一个例子当中，这都可以算是一种临时性的行为。即便一些人在吃这些食物的时候没有过分注重数量，只要吃的也都是容易消化的食物，这也是有一定好处的。那些从中得到好处的失眠病人若是在睡前还吃上一顿好的，那么他们就会面临着灾难性的后果，这必然会对他们的健康带来严重的影响。

对那些身体健康的正常人来说，在他们将要睡觉的时候，宁愿选择空腹，也不要吃太多的食物，因为这对于我们的身体是有害无益的。因为我们已经消化的物质就会进入到血液流通系统里面，那么修复身体遭受损害的部分就会给我们的睡眠带来不良的影响。

毋庸置疑，若是当事人每天都被日常发生的事情所骚扰与影响，那么他所运用的方法是很难带来任何积极作用的。当他们面对这样的情形时，即便是在入睡的时候，依然能够感受到心灵的焦虑所带来的各种痛苦。这种对他们大脑固有的刺激会让他们对不安的思想做出反馈。这必然需要他们更换自己的生活哲学，才能找到病症的根源。

至于我们从睡眠中醒来的时间这个问题，这同样是由我们的习惯所决定的。我们也应该尽可能地将起床的时间固定在某一个时间点上。这就是当我们习惯了某个起床时间之后，闹钟所能起到的神奇作用。但是，我们最好在培养良好睡眠习惯的时候，不要过分对此进行测验。如果你在睡觉的时候，就想着要明天早上五点起床，那么你很有可能就是在明天五点这个时候起床。但你在晚上睡眠的时候，心智却会因此处于一种过分活跃的状态。因此，你宁愿选择闹钟提醒你的方式，而不能让自己的心智背负这种沉重的意识负担，从而影响你的睡眠质量。对每个人来说，运用恰当的睡眠方式，可以通过一段时间的训练，让我们的心智在早上某个固定时间点上变得活跃起来。这会让我们对养成的习惯时刻保持一种警惕之心。在决定具体的起床时间时，每个人都应该按照自身的不同情况去决定。

当你将晚上睡觉的时间固定下来之后，你接下来就需要决定自己在什么时候起床了。记住，很少人能够在仅睡六个小时之后，依然能够保持良好的精神状态。绝大多数人每天都需要八个小时的睡眠时间，才能够更好地投入到工作中去。你可以根据自身的情况去进行测试，测试的时间可以是两个星期，知道自己最低的睡眠时间是多少，然后在这个最低睡眠时间的基础之上进行一定程度的延长。另外，如果某个睡眠时间被证明是足够的话，那么就可以有选择地进行缩短。但是，大多数人都觉得，七个小时是他们睡眠的最低要求，只有在保证了这个睡眠时间之后，他们才能够拥有良好的精神状态。

一个人是否获得足够的睡眠时间的衡量标准，就是看一个人在睡醒之后，是否充满活力与斗志去完成这一天的工作，充分发挥自身的能量，在身体允许的情况下去完成一些必要的工作。

当我们迅速经过了那一段幻想时期之后，就会发现苏醒之后伴随而来的意识会全面涌来。我们会感觉到自身健康的一种存在感，能够感觉到自己充满活力，意识到自己"能够苏醒一整天"。然后，我们就会以更大的热情去完成自身应该要履行的使命，而不会像那些睡眠不足者那样无精打采地工作。

我想，很多人都从未学习过如何以正确且简单的方式下床，虽然他们每天都会以各种不同的方式这样做。早上起来时躺在床上不愿起来，这可以说最糟糕的习惯——这样的习惯控制着绝大多数人。对那些想要最大限度运用心智能量的人来说，这就好比是一个陷阱或是一个幻觉。在大脑已经完全苏醒的情况下依然选择躺在床上，这说明了你的睡眠并没有给你带来充分的活力。要是你习惯了这样的行为，那么你的身体机能就会很快养成这样的习惯，让你无法将自身的能量充分释放出来。因此，人们在睡眠的过程中始终处于浅层睡眠的状态，就很容易受到各种不安的梦境的影响。也许，九个小时的睡眠时间要是换成了七个小时的话，那么睡眠效果可能会更好一些。要是我们让身体在两个小时内处于毫无作为的状态，那么我们富于创造性的思想就会浪费了两个小时的宝贵时间。

除此之外，我们还需要质问一点，相同的懒散行为是否导致了我们在睡眠状态时无法深入感受到苏醒的时刻。我们需要通过良好的睡眠习惯使自己的身体功能能够处于一种完全苏醒的状态，从而让我们感觉充满能量。身体做出的行动作为一个整体通常都是持续的，如果这些富于建设性的过程以一种懒散的方式持续的话，那么这个具有毁灭性的过程就可能彻底摧毁我们的睡眠。所有习惯了安稳睡觉，第二天准时起来的人，都必然不会在醒来的时候依然在床上翻来覆去。我觉得，这些人深知一点，就是这样做对于提高他们的工作效率是有害的。

但是，我们需要明白，这只是适用于早上假寐的情况。在大脑得到了充分的休息之后，我们就已经准备好了投入到工作中去。在大脑经过了几个小时高强度的工作之后进行"打盹"，是完全不同的一回事。一些人从事着高强度的脑力工作，或是因为缺乏强大的身体活力，似乎无法拥有足够的能量支撑他们一天连续工作16～18个小时。这样的人可以从打盹中得到好处，打一个盹是半个小时左右。即便是这么短暂的休息时间，通常也能够让人的大脑清醒起来，让大脑得到充分的休息，从而在接下来的工作时间里保持清醒的头脑。

一般来说，大脑并不会在超过身体允许的情况下去做更多的工作，在正确的时候选择某个单独的睡眠时间，这对于我们的身体在一天二十四个小时里保持健康的状态是很有帮助的。那些能够通过放下工作，更好地进行休息的人，才能够让身体感受到自身的活力。这是我们的身体摆脱失眠症的重要一步，这也是我们能够战胜人生各种挫折的重要一步。当我们拥有了充足的睡眠、健康的身体，就能够对理想的幸福有更为真实与理智的想法，那么实现理想的可能性就会大大增强。

第二部分　幸福的问题之心理层面的问题

　　心智的财富是唯一真正的财富，其他的东西都会给我们带来更多的痛苦，而不是愉悦。

——《希腊选集》

第五章　如何去观察与记忆

记忆与遗忘，都是一样重要的。好的事情要记下来，不好的事情要遗忘掉。

——《希腊选集》

人会在正义与邪恶中做出错误的选择，很多人都是在无知的时候，做出了带给他们幸福或是痛苦的决定。

——柏拉图

也许，没有比拥有不同寻常的记忆更能够直接证明脑力的了。一些具有超常记忆能力的人时常都会激发其他人的兴趣与惊奇。对记忆能力一般的人来说，听说与此相关的一些事实真的是很令人震惊的。

例如，据说恺撒能够记住他的兵团里每一位士兵的名字，贝多芬能够在聆听一两遍音乐之后，就记住最为复杂的旋律。而某些图书管理员甚至还宣称自己知道某一本书在书架上的位置，同时还知道书的名称与作者。米德堡的贝洛尼斯能够记住维吉尔、西塞罗、韦纳尔、荷马、阿里斯托芬以及老普林尼和小普林尼等人的作品，麦考利则能够完整地背诵《伊利亚特》与《失乐园》，还能用不同的语言进行流利的背诵。

据说，莱布尼兹为了增强记忆，就将自己见到的东西全部写下来，然后再也不读第二遍。维斯考特·柏林布洛克则按照同一种方式去记住所有内容，在年轻时就阅读了很多书籍。他曾经还用相同的原因去解释其不去阅读莫雷利字典的原因，也就是说，他不愿意让自己的头脑填充着原本不属于头脑的东西，因为一旦他将这些内容记下来，就不知道该怎样忘掉这些内容了。

上述的这些例子都与一般人的情况存在着强烈的对比。我们一般人有时会忘记自己某位亲近朋友的名字，有时需要耗费一个星期的时间才能够记住某一段旋律，也很难说出一个小型图书馆里的书摆放在什么位置，有时更是会将一些自己引用过的话语的作者忘得一干二净。我们这些人需要耗尽一辈子的时间去学习2~3门外语，想尽一切办法去咨询别人，过段时间之后又忘得一干二净。我们这些人主要关心的，并不是如何将许多垃圾信息从脑海里清空，而是想办法留住自己学习到的知识。一般人可能会觉得自己的记忆力不像那些天才们那么强大，觉得上帝从一开始就没有赐给他们足够多的天赋。尽管如此，一般人还是能够在努力实现目标的过程中找寻一点安慰。

打个比方，当我们知道了像威廉·汉密尔顿爵士这样伟大的作家都会因为思考很多相互冲突的细节，而无法记住很多事情的时候，我们的内心会好受许多。当我们看到印刷机的发明给我们带来的积极好处（它让每个人都能够将一些书籍放在身边进行阅读）的时候，就能够心生愉悦之情。那些具有超凡记忆能力的人在我们当下这个时代是不多见的，但谁也不能否认这些记忆超群的人的存在，因为这样的人是确确实实存在的。若是一个人想要在纽约应聘一个翻译的职位，那么他就需要流利地说出九门外语，并且拥有足够强大的心智能力去记住这些语言的内容，并且懂得如何用每一种语言进行书写。

若是我们从稍微不同的角度对此进行审视，就会愉悦地发现，一些人身上存在的记忆缺陷其实正是这些人具有良好心灵状态的表现。我们一般都会假设，无与伦比的牛顿在进行精密的数学计算时，很难记住自己到底取得了怎样的成就。据说，赫胥黎就曾说过，自己几乎没有什么言语上的记忆力，因此他无法重复别人说过的许多话语。

在我们对这些看似相互冲突的言论进行认真审视的时候，就会自然地觉得记忆力的好坏，其实并不是我们为记忆哀叹或是感到欢喜的原因。解决这个问题的关键可以从这样一个事实里找寻，那就是很少人能够将自身的记忆力发展成为自身真正的一种能力。

毋庸置疑，一些人天生就具有强大的记忆力，但同样正确的还有这个事实，那就是很少有人愿意让自身的记忆力有一个公平展现的机会，特别是在这个报纸与书籍泛滥的时代。

我们阅读或是听到的很多事情，其实都并不是我们想象的那样，也都是不需要我们去记住的。更让人觉得恐怖的是，我们本来就不该记住每天阅读的报纸或是文章所说的内容。报纸上所提到的各种话题会让我们养成一种敷衍的阅读习惯，从而让我们很容易将这些内容全部忘掉。人们还能记住他们所听到的内容，其实是因为他们之前处在一个听到内容较少的时代。在当今时代，很多人在吃早餐的时候通过阅读报纸，了解世界上发生的所有事情，这必然会给我们的心灵造成

"消化不良"的情况。人们的心智会演变成一个毫无希望的垃圾箱，里面装满了各种毫无价值的信息，让他们根本无法记住自己所阅读的任何内容。所以，他们就是在这样的阅读中慢慢培养了一种糟糕的记忆力，然后反过来哀叹自己的命运不好，认为自己无法将很多事情记住。

为了给自然正名，我们必须要谈到记忆这方面的话题，那就是记忆具有一种接收功能，这也是每一个心智正常的人都具有的一种能力，这样的能力足够让一个人成为一个"有能力"的人。倘若他们的其他能力都能够符合这个标准，并且得到恰当的挖掘，那么他们就会成为"有能力"的人。对于心智世界里的记忆发展的各种潜能的描述，这是很多人日常生活都会遇到的常见事情。毋庸置疑，很多读者都会与朋友在晚餐时进行一次交流，谈论一些关于菜单的事情，但他们很快就会忘记。你还记得自己在餐桌上点了什么菜吗？你可能早已经忘记了，但是服务员肯定会记住。你可能会说，服务员拥有着非同寻常的记忆力，但事实并非如此。他只是经常遵照培养记忆的基本法则，从而让自己的记忆能力可以在一个正常的范围内做到最好而已。

服务员所运用的生理法则也能在无意识当中作用于一个简单的事实，让他们对此的鲜明印象能够变得持久起来。如果你想要在心灵世界里对自己的人生进行一次反省，那么你就会发现某些事情会在一片模糊的背景中显得特别明显。若是你匆忙地进行审视，就会发现你最近一年来所经历的事情都可能无法进入到你的心灵视野当中。

这些都是什么样的事情呢？某些事情在某个时候给你留下了深刻

印象，是因为它们出现的新奇程度还是因为它们的重要性呢？还是两者兼有呢？比方说，你从学校毕业了，你开始真正意义上走进这个社会了；你更换了之前的工作或是住所；你结婚了；一位亲人或朋友去世了，等等，这些事情都可能会给你留下深刻的印象。

在我们回过头审视人生的时候，这些事情就像是一个个里程碑，成为了我们人生的一个个重要关口。这些事情会在我们的心灵世界里留下永久的印记，成为记忆中难以磨灭的事实。当我们在反思的过程中沉浸于某些事实的时候，其他的小事情就会进入我们的心灵世界。关于交易的难以计数的细节，还有一些小事情显然被我们所遗忘了，然而，这些之前被我们遗忘的事情，在某些时刻都会被重新想起来。但在我们已经将记忆的潜能全部挖掘出来的时候，我们必然觉得，当我们回想起了一件事情的时候，已将1 000件事情遗忘了。

在我们的许多人生经验里，为什么只有那么少的事情会在长久的记忆里保持鲜活，而其他的一些事情则会陷入遗忘的大海里呢？

这个问题的答案就是不断重复。这是因为这些鲜明的事实与经验都在不断被我们所重复。但是，为什么这些鲜明的事实会被我们一再地重复呢？因为这些事情始终都能够激发我们的兴趣。这些事情通常因其具有的新奇性或是某种重要性，让我们不断地重复它们。这也有可能是因为我们对某一件事情产生的恐惧感产生了兴趣，但这归根结底也算是一种兴趣，因为兴趣才是我们关注一些事情的原因。在关注的时候，我们往往能够产生鲜明的心理画面，这些心理画面正是我们记忆的基础。

既然这样，为什么服务员能够记得住你点了什么菜呢？这主要是因为他非常认真地聆听你说的话，因为这样做符合他的最佳利益。当他认真聆听的时候，这会给他的心灵带来鲜明且长久的印象。这种所谓的"长久记忆"可能只会持续几分钟，一旦他按照这种记忆完成了应该完成的事情之后，这种记忆就会消失。但事情也并不总是如此。在这个过程中，最重要的"控制大师"——我们的习惯——也会加入到这个过程里面。事物的新奇程度并不足以让服务员记住这些菜单，但是不断重复的记忆经验能够帮助他将这些菜单记熟，从而养成一种习惯。也就是说，这位服务员已经在自己心智的某一部分中留出了一些空间，专门用于记忆这些事情——因此所谓的教养与进步，其实就是需要我们养成良好的心智习惯而已。

上面这些事实不过是说明了一点，那就是如果一个人想要记住某个自己感兴趣的话题，只要他能够专注于这个话题，认真地对此进行思考，确保这些需要记忆的内容在他的脑海里形成鲜明的画面，那么他就能够充分发挥自己的记忆能力。一个人无法改变自身与生俱来的一些天赋，人的一些身体机能可能天生就要比其他的一些机能具有更强的接受性。这甚至可以说与摄像机的感光片一样敏感。其他的一些身体器官可能相对没有那么强的敏感性，就像是过去那些湿版一样。所以，我们可以充分地看到，这种即时的"感光片"具有显而易见的优势。但我们也需要记住，过去那些湿版要是能够有充分的时间进行曝光的话，也能够留下良好的结果。

幸运的是，这样的一种平行关系也存在于我们的心智世界里。对相同种类的事情不断地进行重复，这能够让我们拥有某一种单一的鲜明印象。麦考利就曾阅读过一首诗歌，并能很快地进行背诵。但是，任何具有一般心智能力的人如果下定决心，努力地进行背诵，也是可以做到的。一般人可能需要阅读十遍、二十遍或是一百遍才能记住，但他们最终还是能够获得与麦考利一样的结果。唯一的差别就是所需要的时间不一样而已。韦伯斯特能够瞬间看完一页书的内容，并且了解这一页书的大意，而那些天赋一般的人可能则要逐行逐字地看，但他们最终也能够了解相同的意思。

显然，天资聪颖的人拥有明显的优势。当我们感叹人生苦短却还有那么多的知识需要去学习的时候，更是会对此发出一番感慨。

但是，勤奋工作的人绝对不应该认为人生是短暂的。他们应该这样说："人生是很漫长的，漫长到足以让我有时间去做任何事情。"他们应该知道像麦考利与韦伯斯特这样的人是无法永远都保持那种过目不忘的状态。人类大脑的疲惫程度其实与他们所做事情的强度相关，而不与他们耗费了多少时间相关。具有接受性能力的心智能够迅速完成一些工作，先将其他事情放下来。而那些缺乏接受性能力的心智虽然工作的效率很低，但最终也能通过长时间的努力去完成这些事情。人类的发展并不总是依靠那些行动最为迅速的人，虽然那些接受性能力较强的人一开始前进的速度很快，但就像是龟兔赛跑，最后率先冲过终点的却是乌龟。

要想实现这个结果，就需要我们调整正确的方向，然后进行努力。我们的心智在各个方向都没有处于一种受到束缚的状态，这是值得我们欢喜的。可以在某时刻进行沉思，这能够说明我们的心灵其实并没有受到多大程度的束缚。绝大多数人的双眼都能够透过一扇窗子去看东西。一般人来到田野里，都必然能看到小鸟，而鸟类学家也同样只能看到这些而已。即便是鸟类学家，他们也不可能多看到一朵花或是一只昆虫。但是，植物学家却能够通过认真的观察与挖掘，找到许多标本。我就曾看到黄鹂的鸟窝建在一户人家的门廊旁边的榆树上，但这一家人都说他们从未见过黄鹂的身影，也没有听到过这种披着黑黄相间羽毛的鸟类的叫声。

这样的一种"半盲"状态其实是我们在各个方面都能看到的典型现象。如果一个人认真地分析与检视自身的能力，必然会发现这样的情况。我认识一位具有智慧的女性，这位女性要求一位模特站在一处别动，然后她绘画模特的头部，最后发现自己所画的头部方向是错误的。也许，这只是一个比较极端的情况，但如果你询问一下你的一些朋友，让他们描述一些熟悉的物体，那么你可能得到相似的惊人结果。

对于之前从未接受过训练的 10 个人来说，即使他们眼前面对的是一个熟悉的物体，他们对这个物体的描述也有可能存在差异。描绘者知道自己正在使用自己所了解的一些知识，但这些知识可能会扭曲他的认知。

还有，对那些没有接受过专业训练的人来说，若是将一幅关于光线与阴影的画作放在他们眼前，让他们辨别画中物体的存在，他们也会觉得很困难。你可以要求朋友认真盯着眼前的一个球，然后画出三种不同阴影程度的画作，第一幅是阴影最深的，第二幅是阴影一般的，第三幅则是阴影最浅的。然后看看他们的眼睛对他们的欺骗程度。艺术学校里很多这方面的训练都不过是为了训练学生们的双眼。

对心智正常的人来说，一般使用的方法都具有天然的不足。特别是当我们需要运用某种感官能力，完成某种必要训练的时候更是如此。因此，每个人都知道，类似于视觉盲区的障碍通常存在于我们的听觉与触觉上。比方说，那些耳聋的人可能视觉就特别好，这能够让他们通过阅读别人的嘴唇去了解他们所说的话。

这些例子都充分说明了一点，那就是听觉与视觉的器官都能够发育到完美的程度，帮助我们更好地发展。这样的一个事实说明了，一般正常人的双眼与耳朵都必须要接受一定程度的训练，才能够达到高效率的程度，前提是只要给予恰当的训练。

你要学会提升自己的视觉与听觉，对这些感官系统提出更高的要求，让它们发挥最大的潜能，帮助你看到或听到更多的东西。到那时，你将会惊讶地发现，自己的世界会变得与之前不同，你也将充分拓展自己感受乐曲的能力。

一般人也可以用类似的方式进行训练。只有经过一定程度的训练，并且付诸实践，才能够不断挖掘之前从未敢想象的潜能。你可能无法像谢尔伍德那样记下1 000份音乐乐谱，或是像皮尔斯伯里那样能够蒙着眼睛下20盘棋，同时还玩着惠斯特的扑克游戏，或是像阿萨·格雷那样说出2.5万种植物的名称，但你可以提升自己的记忆能力，让自己以及朋友大吃一惊。我知道一个人能够同时下三盘棋，并且还能赢下三个高水平的对手，同时他宣称自己并没有任何不同寻常的记忆能力。而很多在其他方面都比他强的人却无法做到。其实，这样的人不过是将自身的潜能专注于一个方向，就像一般人那样将自己的记忆力拓展到了极限，从而能够背诵1万篇文章，或是像一般的伊斯兰教徒那样背诵《古兰经》。

关于激发记忆潜能的最让人震惊的例子，要数海因里希·施里曼——一位著名考古学家——的例子了。他发现了古代特洛伊的遗址。施里曼是在年龄相对较大的时候开始学习外语的。经过勤奋的努力之后，他掌握了多门外语，之后学习外语对他来说就像是打发时间的一种休闲活动。但即便如此，他也没有展现出惊人的记忆天赋。他相信每一个正常人都可以通过运用自身掌握的方法，更好地提升记忆能力。毋庸置疑，这是他对自身能力的一种谦虚的表达方式，但这至少能够说明一点，若是他之前没有尝试过挖掘自身的记忆能力的话，那么他绝对不可能知道自己拥有这样的天赋。他几乎是在一种偶然的情况下运用自己的这种能力的，最后竟然发现了自己在这方面所具有的潜能。如果你愿意的话，可以记录下他的成功之道。他说：

为了能够提升我的地位，我要去学习外语。我一年的收入只有800法郎左右（接近60美元），其中一半的钱都被我投入到学习知识上了，另一半则用于我的日常生活开销——可以说，当时的生活过得相当拮据。我的住所一个月要花费8法郎，那是个没有地方生火的阁楼，每到冬天，我就要与寒冷的天气做斗争，而到了夏天则要与酷暑做斗争。我的早餐不过是燕麦粥，晚餐的花费从没有超过2生丁。但是，这样的艰难生活却从未让我有任何退缩，对未来美好的憧憬鼓励着我尽最大的努力去学习与进步。

我非常勤奋地学习英文。现实的生活逼迫着我要努力学习这门语言。我的学习方法就是大声地阅读英文，而在这个过程中并不寻求了解这些英文的意思。我每天都要上一节英文课，每天都要就自己感兴趣的话题写一篇文章，在老师的帮助下不断修正我的错误，用心地学习每一点知识，认真复习前一天学习到的知识。我的记忆力不是很好，因为我从小就没有对记忆力进行过系统的训练。但我利用好每一个时刻，甚至要挤出很多时间用于学习。为了能够迅速地掌握正确的发音，我在周六要两次前往说英文的教堂，不断低声地重复着牧师所说的英文布道演说。即便是在下雨的时候，我都没有中断过前往教堂。我手上始终带着英文书，每天都在用心地背诵英文内容，我在等待的时候都在阅读书籍。

通过这样的学习方法，我逐渐增强了自己的记忆力。在接下来三个月的时间里，我发现自己可以毫不费力地背诵老师所说的内容。在我认真阅读三遍之后，就能够读懂20页的英文内容。我就是运用这样的方法去将戈德史密斯的《维克菲德的牧师》与沃尔特·斯科特的《劫后英雄传》全部背诵下来的。我每天都处于一种亢奋的状态，睡觉的时间很少，我就将晚上无眠的时间用于阅读之前学习过的内容。这样，我的记忆就将白天阅读过的内容牢牢地记录在脑海里。我觉得在晚上不断重复一些内容，这对于加强记忆力是非常有好处的。因此，我成功在半年时间内，对英文有了深入的了解与认知。

接着，我运用这种方法去学习法语。我也是用了半年左右的时间成功地克服了重重困难，掌握了法语。我能够背诵法国作家费内隆的《泰勒马克历险记》与伯纳丁·圣·皮埃尔的《保罗与薇吉尼》。在经过一年不懈的学习之后,我的记忆力得到了极大的增强,我成功地学习了荷兰语、西班牙语、意大利语、葡萄牙语等语言,学习的过程都是相对轻松的,而且,每种语言我只花了六个星期左右的时间就能够流畅地书写与说出了。

我想,很多读者都会对在语言学习方面取得成功感到困难,这是因为他们没有像施里曼那样付出那么多的努力。如果你像施里曼那么努力,也许你就能发现自己拥有语言方面的天赋。如果这样的情况能够成为事实,那么这必然值得你去努力挖掘。无论在任何事情上,即便你无法将自身超乎常人的潜能挖掘出来,你也必然能够向别人证明自己的一些能力。

因此,你希望自己拥有清晰的记忆,就要自己精确地将经验记录下来。当你阅读了某些具有价值的内容时,就要停下来,将思想专注于这样的事实或是思想,想办法将这些事情记录下来。你要时不时地进行重复,直到这样的想法能够牢牢地记录在你的脑海里。当你回想自己曾经阅读的内容时,或是回想起自己的经验时,一定要努力训练自己连续的心灵记忆能力,精确地将名字以及事实阐述出来,同时不带任何含糊或是夸张的色彩。这才是真正重要的记忆方法。你的心智接受什么样的内容,这其实并不是很重要,真正重要的是你是否懂得如何利用这样的内容。一旦你养成了准确地看世界以及了解世界的方式,那么这会让你更好地了解与记住这个世界。而且你还能从感受知识的能量中得到巨大的启发。

所有这一切都不能掩盖重复所具有的价值。我们在童年的时候都几乎是通过接受性的方式去形成记忆的。但在现实生活中,孩子们需要通过不断重复才能够养成良好的记忆习惯。要是学校里的孩子通过学习算术、语法、地理或是其他科学进行学习,同时运用不断重复的记忆方式的话,那么他们只需要用 1～2 年的时间就能够读完小学课程了。但是,我们都知道,要想获得一个高等学位,需要付出多年艰辛的努力。

事实上,虽然很多人都认为事情正好与此相反,但绝大多数成年人都能够在某个时候对这些事情有更为深刻的了解,这与每个人在小时候遇到的情况是完全不同的。比方说,如果你想要学习一门外语,就会发现如果你与自己孩子付出的努力差不多的话,那么你们掌握该语言所需要的时间也是差不多的。你千万不能说"我太老了",而要从今天开始去努力掌握你认为对自己有用的知识,然后坚持这样的努力。著名的观察天文学家赫歇尔是在他 35 岁那年才第一次接触望远镜的,在接下来的几年里他继续做着音乐老师,维持生计,之后才专心成为最著名的天文学家。施里曼也是直到他 35 岁的时候才开始学习希腊语的,几年之后,他就能像说母语那样去说希腊语了。伊丽莎白·凯迪·斯坦顿在将近 70 岁的时候开始学习音乐,维多利亚女王在 80 岁的时候开始学习印度语。因此,挖掘你的全新潜能,永远都不会太迟。

让我再说一遍,实现这种发展的关键就是个人的兴趣与不断的重复——你要去做自己的身心都感兴趣的事情,从而让自己成为一名优秀的观察者,然后不断在记忆里重复所观察到的东西。每一位老师都知道,孩子们在掌握他们感兴趣的知识时,都会遇到不少的困难。要是一般的孩子能够相信一点,即学校的课程是具有真正价值的,并且值得他们付出一生去进行学习,那么他们在学校学习的时间其实是可以缩短一半的。问题的难处就在于,孩子们的心智都处于一种固定的状态。年轻人需要学习语法、代数、拉丁文以及其他一些对他们日后人生没有什么用处的学科,因此他们学习的唯一目标就是尽可能地通过考试,然后迅速地忘掉这些内容。这些孩子根本没有意识到自己正在做这些事情的重要性。而当他们日后回想起来时,才会为自己的愚蠢感到无比遗憾。

与此类似,一般成年人都没有意识到,当他放任自己培养了一种模糊的人生视野以及懒散记忆的习惯之后,这会带来多么大的影响。一般的读者都养成了散漫的习惯。你所认识的每一个男女都可能在几个月前就阅读了日俄战争的记录,但若是询问他们一些事件的具体时间以及细节、双方的主要将领、战斗发生的具体位置,那么他们可能就无法记起来了。可见,任何知识的真正价值都建立在你对这些知识的精确了解之上。

因此,你要改变这些懒散的记忆习惯,培养对人生真正具有价值的习惯。你要下定决心,培养自己精确看待事物和清晰记住事情的习惯。当你这样做的时候,你就必然能够拓展你的人生视野。你也将能够提高自己作为一个具有理性与善于思考的人的人生效率。你将会在认识更多朋友的道路上迈出一大步——这能够让你通向成功,让你能够追寻到幸福的目标。

亲爱的西米啊,我认为要获得美德,不该这样交易——用这种享乐换那种享乐，这点痛苦换那点痛苦，这种惧怕换那种惧怕；这就好像交易货币，舍了小钱要大钱。其实呀，一切美德只可以用一件东西来交易。这是一切交易的标准货币。这就是智慧。不论是勇敢或节制或公正，反正一切真正的美德都是用智慧得来的。享乐、惧怕或其他各种都无足轻重。

　　　　　　——苏格拉底（摘自柏拉图的《斐多》）

第六章　如何思考

威廉·福布斯说过一句有关文学知识的名言,即"多读少写"。而根据拜尔的说法,如果一个曾经学过好多东西的人之后再去福布斯那里说,"我听从了你的建议,我进行了大量的阅读。"那么福布斯就会进一步建议他,"未来少阅读,多思考"。

——1798年出版的《人物传略辞典》

当阿里斯提波在被人问是学习什么哲学的时候,他回答说:"与世无争,心无恐惧。"在被问到哲学家与其他人有什么区别的时候,他回答说:"区别在于——如果没有法则的话,哲学家依然能按照原来的方式去生存。"

那些对每一种知识都存在兴趣,对知识始终充满好奇,永不满足的人,可以称得上是哲学家。

——柏拉图

当代一位著名的报社编辑曾跟我谈论起他对亨利·沃德·比彻的印象。他说:"他是一个比其他人都知晓更多的人,但他似乎从来都不需要努力去掌握这些知识。比彻似乎仅凭直觉就能知道所有一切，能够以某种神秘的方式去了解各种信息。"

我的这位朋友显然是对那位著名的牧师的个性留下了深刻的印象，然而我认为他的话语还是值得质疑的。当然，任何真正清醒的分析者都不会完全接受某一种估计所具有的真正价值。某个人对比彻的评价其实不会给任何人带来伤害，但这样的评论没有任何正面的渠道去得到证实，使之变成一种真正的知识，从而让一般人去学习。要是我们对此持相悖的看法，就等于怀着一些不好的想法。对我们来说，最能确定的事情莫过于，无论是心智高还是心智低的人，他们都是由相同的物质组成的，而且都要遵循相同的行为法则。

就好比在比彻那个例子里，直觉的知识所带来的幻觉都源于这样的一个事实，那就是心智通常都对外部印象非常敏感，能够在一个瞬间的过程中接受到外部的各种信息，然后迅速地将这些信息整合起来，接着就将相关的思想都分列在各种不同的对比系统里面。

换言之，人类的心智究其本质来说是一个综合的整体，心智会倾向于在两种不相类似的现象之间找出一些相似之处。若是我们从类比的方式去进行推论，就能够立即从已知转向未知，然后得出一个符合逻辑推理的结论，这就能够让我们更加接近于事实的真相。

但在现实生活里，这样的理智推论其实只是意志符合逻辑的猜想。要是我们的心智处于一种更为广阔且平衡的状态，那么我们的猜想就越能被证实是正确的。但是，这些所谓的猜想最多也不过是一种简单的猜测而已。在这个世界上，那些创造了划时代思想著作的人，那些能够在时代烙下难以磨灭印记的人，通常都是那些每天做着单调沉闷工作的人，正是这样的人才能够将大脑里的潜能全部激发出来。

如果事情朝着另外一个方向发展，所谓的天才能够从平庸的思维过程中摆脱出来，我们这些普通人也无法追随天才们这样的脚步。对我们来说，这样的一种概念纯属一种疯狂的状态，这种状态中不存在任何绝对意义上的协同性。但即便如此，那些具有最伟大心智的人也只不过是看到了已知的知识边缘中一些黑暗地方而已，而且也不能看得更加清晰。那些所谓的革命性思想，其实不过是很多人付出了许多努力之后无法实现突破时，再由一些人在此基础之上轻轻地捅破那一层窗户纸而已。这些人的心智能量集合起来，时刻准备着实现这样的突破，这样的一种集合思想，是哪怕天才都根本不能做到的。那些心智最高的天才所能做的，也不过是充分地利用自己所拥有的时间而已。荷马之所以能够成为荷马，是因为创作史诗是他那个时代发出声音的最自然方式。

若是我们能够将现在所处时代的一些革命性思想与之联系起来进行思考的话，那么我们就能够得出一些不同的想法。这是一种不断进化的思想。每当人们谈到进化这个词语的时候，谁不会想到达尔文呢？但是，即便是达尔文，也不会宣称自己是第一个发明了物种进化思想的人。这样的思想可以追溯到古希腊时代，也许要比古希腊时代还要更早一些。"自然选择"思想现在被很多人视为是达尔文的思想，但这样的思想在《物种起源》一书出版之前早就存在了。

拉马克在达尔文出版那本书前的50年，就已经公开表达了物种进化的思想。但是，当时的世人尚未能够接受这样的思想。达尔文所处的时代，一批具有全新思想的地理学家——赫顿、雷耶、威廉·史密斯、库维尔以及他们的追随者——已经创造出了一种全新的思想氛围，为世人接受物种起源这种全新的思想做好了铺垫。这与18世纪其他最重要的科学发明存在着类似之处，就好比詹纳发现了接种疫苗的方法。事实上，詹纳向世人所证明的观点，在数代之前就已被英格兰人所认知了。但是，这需要一位具有逻辑思维的思想家进行耐心的试验，将这种缺乏理论根据的行为变成一种科学理论并将之演示给大众。

这与其他能够载入科学史册的发明一样，其实都并不需要我们具有多么强大的观察能力、非凡的记忆力或是不同寻常的联想能力。很多无法闻名于世的人其实都要比达尔文或是詹纳具有更加强大的观察能力，无数人都要比他们两人拥有更好的记忆力，还有许许多多人都拥有很强的逻辑推理能力。但是，这些人却没有充分地运用自身的这些能力，最终一事无成。因为他们从未让自己的心智进行足够的思考。达尔文的理论要是没有充分的事实作为依据，那么科学界的人必然会对他的理论嗤之以鼻。在他的心智世界里，所有这些符合逻辑的东西都能够帮助他更好地实现这样的想法——因此，那些关于自然历史的事实就像是一本百科全书中的记录，牢牢地记在了他的脑海里。与此类似，詹纳对于疫苗能够防治疾病的思想要是没有足够的临床实验的事实作为证明，也根本不会得到任何的关注。因此，他们的大脑通过逻辑思维将这些事实组织起来，更好地将这些事实全部整理出来，从而证明了自己的观点。

这些例子给我们带来的第一个实用的经验就是，我们的心智要想变成一台更加高效的机器，就必然要得到恰当的补给。任何人都无法比自身的经验更加睿智。但幸运的是，经验一词在某种意义上不仅包括了生活的各种现实，而且还包括了我们通过书籍去与一个更大的世界进行接触的可能性。人类学会了通过书写的艺术将过去时代的事情记录下来，然后通过书籍这种媒介传递下来，这样，每一个世代的人才能够真切地"活"在作者所处的时代，才能够在过去积累的经验基础之上，更好地朝着未来前进。从事历史研究的调查者都同意一点，那就是人类单纯的记忆若是没有书写文件的帮助，是很难将任何精确的历史事实流传超过两三代人的。这就是为什么关于古希腊与古罗马的早期历史以及其他文明国家的早期历史，到现在却变得那么模糊与神秘的原因。这就是古代那些没有文明的国家因为缺乏了书写的艺术，从而根本没有留下任何历史的原因。

当然，要是我们完全否认过去世代口口相传下来的历史，这也是非常荒谬的。通过这种口述历史的方式本身，我们也能够取得一定程度的进步。诚然，人类是经过不断努力，才发现了书写这种艺术的——因此，当代的历史研究者亚瑟·埃文斯就倾向于认为，人类的历史必然要比文字记录的历史更早一些。当然，埃文斯认为，人类在掌握文字书写之前，必然会通过类似于图画的方式去表达自己的思想。我不同意这样的观点，而本书也不会去讨论这个问题，但这样的思想至少是值得我们去探讨的。

在任何情况下，我们都需要认真反思，才能相对清楚地了解人类的视野存在的狭隘性。任何一种缺乏文字记录的口述传统，都有可能在代代相传的过程中出现一些谬误。想象一下，要是世界上所有的书籍财富全部被毁掉，那么人类将会遭遇怎样的情况。也许，一个民族的全体记忆就会因此被完全抹杀，今天的人也无法读到那么多经典的文学作品。即便是在那个时候有一位记忆超常的人能够重新将一本杰作复述出来。想象一下在这个过程中，其他人在道听途说的过程中对原文的篡改与歪曲程度吧——因为很多人所听到的内容都会出现错误，然后就将这些错误传播给下一个人。要是很多有用的知识都在这个过程中被删除了，那么现在的人在阅读这些内容时，就根本不会做这方面的思考。因为写在纸上的文字要更加牢固一些，所以，要是书籍遭到摧毁的话，那么关于人类的这一段记忆也会随之消失。

毋庸置疑，人们肯定会对事情的另一方面提出不同的看法，那就是认为很多粗糙的东西也会随着精华一起消失掉。当然，并不是所有的内容都值得印刷下来。毋庸置疑，若是人类能够摧毁大部分的不良文化，那么这对人类的进步反而是有益的。因为，在那些珍珠般的思想当中，必然也会存在着不少虚假的珠宝。这些错误的思想与真实的思想混在一起，让我们难以分辨。有很多谎言与迷信都深深嵌入了我们的思想之中，阻碍着我们的进步。但是，没有多少人会对这些虚假的思想产生满意的心理，而是会想办法将一些具有价值的知识全部用书籍的方式记录下来。诚然，即便是谈到了要将某一种思想保存下来的时候，这其中也存在着太多心血来潮的情况。即便是在一些看似没有杂质的钢铁里，也还是有许多杂质。因此，在我们的思想宝库里，也能够看到许多不良的东西。即便如此，我们还是需要努力去找寻那些真正具有价值的东西。

也许，书籍里存储的思想珍宝需要我们去努力找寻，因为找寻这些知识能够为我们获得一种正确的辨别力提供宝贵的经验。至少，这样做符合我们每个人自身的利益。人们也能在这样一个找寻知识宝藏的过程中发现真实的自己。他们可能愿意接受那些批判者提出的批判,为甄别一些经典的作品提出理论基础。但是,任何批判者都不能说清自己的心智最需要什么东西。这必然是需要他耐心地搜寻才能够发现的。当他在浏览这些书籍的时候,才能够发现某位作者的作品能够唤起他的心智,对他的思想是有帮助的。你可以说他是在古罗马皇帝马库斯·奥勒留、爱默生、梭罗等人的作品中找寻到的。你的邻居可能在这些作家的作品中感受不到任何启发,你可能也认为柏拉图、康德或是斯宾塞等人的作品是没有啥用处的。

你要为自己找寻这些思想的宝藏,直到你发现适合自己的作品。在这个过程中,你不需要对任何人的话语产生先入为主的看法——当你找到了这些适合自己的书籍时,就会知道你是自己的主人。但是,你也要懂得广泛地进行搜索,并且始终心怀期望。毋庸置疑,你能够在数百页的书里感受到自己的人生,你的感受与别人的感受肯定是不完全一样的。你可能因为偶然的机会,在找寻书籍的时候,在图书馆里某个偏僻的角落,发现了一本自己很想阅读的书籍,这类书籍能够让你摆脱之前的自我,带给你无限的欢乐,让你充满勇气去面对未来。

当你身在旅途中,可能不经意看到了某位具有怜悯心的作家写的一本书。你发现了这本书,就像是发现了一位全新的朋友,感觉自己可以得到这位朋友的指引,而且这位朋友永远都不会抛弃你。不管你有着怎样的情绪,他都不会对你有任何不良的反应。

要是你面对的不是书籍的话,那么你很难去感受这一切。如果你没有学会用友善的心态去找寻书籍的话，那么你也将很难去感受这一切。如果你一开始就不想要去阅读书籍的话，那么你也很难拥有独立的思想，这是毋庸置疑的。当然，我不是说每个人都应该将阅读当成一项任务。读者并不是那些只知道书籍文字的人，他们应该怀着阅读的热情去认真感受作者的魅力以及书中的思想。没有什么比与伟大的心灵进行交流更能给我们带来内心的激动了。只有通过不断与这些伟大心灵进行交流，我们才能够不断拓展自己的思维，更好地挖掘自身的潜能。

也许，你们之前也听到过这个例子，赫伯特·斯宾塞，这位现代的先锋思想家读的书并不多。你们千万不要被这样的言论所骗到。你们可以翻开斯宾塞的作品，阅读《第一原则》、《生物的原则》、《心理学》、《社会学》，然后转向伟大的《描述性社会学》，那么你们将会发现，一个能够写出这么多书的人，不仅是一位读者，更是一位思想者。

当斯宾塞说自己没有读过太多书的时候，他的意思是，他没有阅读太多哲学类、文学类或是其他流行的经典书籍，他其实是在有意忽视他所在时代的那些文学作品。

但是，这些方面的书籍都不是他的心智所需要的内容。他已经想出了一个能够囊括一切的原则，他认为这样一个原则能够包括人类的所有思想。为了证明自己的观点，阐述他的哲学观点，他需要让自己的大脑成为一个装满各种明确事实的宝库。他并不非常需要古代或是之前任何时代的人的思想，因为他更加在乎他所在时代的科学发展情况。于是，他忽视了一些方面的知识，而尽最大努力去追寻自己想要的知识。他养成了终生思考的习惯,能够将许多杂乱无章的内容整合起来,这让他能够充分地利用自己已经掌握的各种知识。虽然不少批判家说,要是斯宾塞能够进一步拓展自己的阅读面,那么他的作品会显得更加成熟,对人类思想的发展将会做出更大的贡献。但即使如此,很多人在这方面都无法遵循他的方式,除非他们首先能够保证自己拥有一种强大的分析概括能力。如果你拥有这样一种能力,那么你也就不需要在思考的艺术中接受更多的指导了。

一旦掌握了阅读的艺术之后,那么如何运用书籍去掌握知识,就变得重要起来了。你在阅读的时候,必须要像培根爵士所说的那样,"要懂得权衡与思考"。你必须要根据不同的知识进行分类,然后将这些知识存储在大脑的不同区域。否则,在你需要这些知识的时候,可能就不知道如何去运用。另外,你必须要意识到,懒散状态下的自我沉思所带来的危险性。阅读的主要目标就是要让自己拥有独立思考的思想素材。书籍对于我们思想的有用程度,其实与这些思想能够帮助我们挣脱思维束缚的程度是相关的,因此,你绝对不能将做白日梦视为一种全新的创造性思想。

你要学会严格控制自己的各种散漫的思想,不时地对此提出各种质疑。如果你发现自己在做白日梦,就要将专注力集中在心智的某一个具体的思想之上。接着,你要扭转这样的一个心理过程,追根溯源,询问自己这样的思想到底从何而来,你需要找寻这些思想的联系,直到你打破这样的思想联系。你会在这样一条漫长的道路上发现自己在某一时刻的思想。当你在回溯自己的脚步时,就能够在梳理这些思想的过程中得到训练。通过这样的训练,你能够增强自己的记忆力，增强心智的思考能力。你将能够明白一点，那就是如果一个思考过程不能给你增加一些有用的东西，那么这样的思考过程就是毫无意义的。你会惊讶地发现，你可以通过有意识地管控自己的心智，不断拓展自己的心灵视野，从而更好地展现自己。

著名物理学家牛顿就曾鲜明地指出，他之所以能够得到那么多新成果，就是因为"故意"让自己的心智朝着某个想要的结果去追寻。显然，这样的发现与哈弗、詹纳、达尔文等人做出的发现没有任何的不同。即便是在诸如诗歌等一些让很多人感到不熟悉的领域，这样的理论也依然是成立的。并不是所有诗歌创作者都能够像爱伦·坡那样，单纯按照诗歌创作的机械规律去进行创作。读者们能阅读到像约翰·济慈、雪莱以及丁尼生等人充满想象力的作品。他们只有通过广泛的阅读，对自己创作的诗歌进行认真的思考，才能够完成这样的诗歌，否则他们的"狂热"思想也是很难用诗歌表达出来的。创作出经典的诗歌，这其实就充分地表明了一点，那就是这些诗人都积累了很多具体的经历，然后再借助他们瑰丽的想象去将这些经历变成诗歌。

如果我们承认这些知识所具有的价值，然后将之视为思考过程中一个必不可少的帮手，那么我们就无须评论这些知识，因为这与其中的价值以及是否存在虚假的内容都不存在任何关联。这能够充分说明一点，那就是这些材料的选择能够直接进入到我们的心智世界。换言之，这是我们的一种有选择的行为。因此，心智的功能从一开始就是相对复杂的。如果我准备要承认自然天赋所具有的重要性，那么我认为这样的天赋本身就是存在的。因为我过往的经验让我明白一点，那就是这样的判断在很大程度上是一种内在的东西,与每个个体的行为都是相当一致的。我看到过一些孩子在阅读一些书籍时所表现出来的判断力。以他们所处的心智阶段而言,我觉得他们所阅读的书籍其实是属于那些接受过高等教育的人应该去阅读的。唯一能够评判我们在日常生活中各种行为的标准就是常识。常识本身能够充分说明我们的本性。这里谈到的常识,几乎可以囊括这个词语所有层面上的意义。野生动物就拥有许多常识。我们最早的祖先在很大程度上就拥有这样的一种常识,所以他们的子孙也必然需要掌握这样的常识。只要他们还处在野蛮的阶段或是人类尚未开化的时代,他们就需要那种追求生存的常识。正是因为发展起来的人类文明不断得到传播,让这样的一种常识遭受了损害。但即使是那些最为成功的人也几乎都拥有这样的一种常识。诚然,拥有这样的常识能够指引着我们走向成功。要是我们缺乏对常识的理解,那么我们的思想就会缺乏一个系统,所做出的行为就会变得毫无意义。要是我们能够得到这种常识的指引,即便我们掌握的知识不是很多,最后也能取得很大的成就。

  我刚刚说了这种常识或是判断对于每个人来说都是不同的。我说过,一些孩子就能拥有很多的常识,而一些接受过高等教育的人却非常缺乏这方面的知识。通常来说,单纯获得知识,这并不能必然提升我们的判断力。既然这样,我们又该怎样去掌握这样的一种能力,从而实现我们的目标呢?我不能在这里停下来,转而去讨论这个如此宽泛的话题。但是,我们却可以立下一个非常基本的原则,作为我们前进的指引。这个基本的原则是这样的:要通过对比去审视自己的判断力,让你的经验教育你。毕竟,这才是唯一真正的考验。你可以通过研究身边的人，观察他们的行为，注意到他们做出各种决定所表现出来的品格。你将会发现，在你所认识的一些人当中，他们似乎总是那么"幸运"，而其他一些人似乎总是那么"不走运"。前者能够在他们想要追求的事业中取得成功，而后者则通常会遭遇失败。但是，我们在这里运用"幸运"一词，其实是不那么正确的。那些所谓的幸运之人，其实是那些拥有更好判断力与常识的人。而那些习惯性的不走运之人，其实就是缺乏一些最基本的常识。

因此，我们应该努力去研究那些成功之人，如果你能注意到这些人在某些情况下做出的各种决定，你将能够在选择性的判断中获得宝贵的人生经验。与此类似，你可以分析自己所做出的决定，通过这些决定最后带来的结果去对此进行评判，记住即便是最好的结果有时也会面临着一些问题。但是，良好的判断力有时并不能完全避免相同的错误不断出现。我们可以说，这样的分析其实是针对一些个体情形的，我们在一般的情况下还是要遵循个人经验的指引。

如果你们有机会在某些实验性科学领域中接受某种特殊的训练，就有机会对此进行总结归纳，例如，细菌学、生理学或化学等学科。比方说，你在实验室里接受的训练能够让你用少量的化学用品，与另外一些物品混合，从而产生一种全新的物质——这样的物质可以是氯化钠，可以是燃烧的金属或是一种化合物。在你进行多天的尝试之后，可能会将这些物质回归到原来的状态——使其与之前的状态无论是在质量还是数量上，都处于完全相同的状态。当你掌握了这样的操作方法时，就能掌握精确的运算方法，了解事情的前因后果，而不是单纯从这个化学实验中了解到自己想要的东西。那些从事这些实验的学生会发现，化学实验可能会导致很多结果，但他们知道这其中根本不存在任何运气的成分。他们可能会不小心将一些试剂倒在其他地方，所以导致了实验最后的失败。

因此，对某种思想进行检验，这属于判断力的范畴。判断能够对创造性的思想进行检验，让我们天马行空的想法得到一定的限制。判断能够让我们知道，思想要想具有价值，就必须要能够清晰地表达出来——因此这些能够清晰表达出来的思想必然是可以得到世人理解的。当我们充分发挥自身的判断力之后，就会发现这样的判断力能够帮助我们避免犯很多错误，摆脱内心相互纠缠的想法。但是，我们也绝对不能忘记一点，那就是必须要面对选择性功能所带来的一些危险。在一些情况下，这可能会让我们过分小心，让我们始终停留在内心的保守主义中。比方说，当代的一些历史批判者就犯了不少这样的错误。他们认为过去的事情能够解释未来的一切事情。他们应该改变这样的思想，改变他们对过去看法。他们让我们明白一点，那就是尼禄从很多方面来说都是一个英明的君主，而马库斯·奥勒留则并不像人们所说的那么英明。而宗教对人类的历史发展其实影响并不大。他们对于征服者威廉所取得的丰功伟绩不是很认同。至少，他们轻描淡写获得胜利所需的那种天赋。他们让我们看到了历史上的拿破仑其实是一个相当平庸的人。

但是，如果你们不想局限自己的想象力，就必然要摆脱这种过分小心的评论。你可以相信一点，那就是历史上的很多伟大人物都是被后人的一些想法所定义的。你们能够回想起这样的思想，并不单纯因为这些思想是全新的。你知道这些历史指引所给予的一些标准是相当狭隘的。

我们还必须要承认，过去的历史同时给我们带来了许多错误的思想，特别是在一些错误的方法上。诚然，影响人类进步的最大敌人就是偏见与先入为主的观念——这些都是我们从过去人们那里所继承下来的思想。就像镜子里出现的影像并不能真实地表现出原来的事物。

你应该努力让自己的思想摆脱这样的成见，你可以对另一个自我说："过来吧，让我们进行理智的探讨，从而更好地讨论你所持有的信念。你相信这样的事实——但为什么会这样呢？在宗教层面上，你也许是一位天主教徒，有可能是一位卫理公会派的信仰者，或者是一位信奉伊斯兰教或佛教的人，但为什么会出现这样的情况呢？从政治层面来说，你是一位共和党支持者、民主党支持者还是所谓的独立人士呢？但为什么会出现这样的情况呢？你是否有理智地思考过每一种信念所具有的好处与坏处，你是否权衡过每一方所呈现出来的证据，从而让自己能够做出一个不偏不倚的决定呢？还是说，你从小就继承了这样的信念，就像你从小就继承了你的头发与眼睛的基因呢？你之所以是一名基督徒，难道就是因为碰巧出生在欧洲或是美国，而没有其他更好的原因吗？要是你出生在西亚的话，难道你也会毫无疑问地接受伊斯兰教吗？你之所以是一位共和党支持者，是因为你出生在马萨诸塞州吗？你之所以是一位民主党支持者，是因为你生活在佐治亚州吗？或者说，你所信仰的理念是否存在着某种吸引你的地方呢？你作为一个有智慧、有选择能力的人，你是否相信自己所信仰的东西呢？"

当你面对镜子看着自己，勇于运用自身的质问精神对自己的心智进行挑战，你会对自己给予的回答感到满意吗？你所给予的回答能够让你明白一点，那就是你的心智"是一个冷漠、清晰却又充满逻辑的引擎"吗？还是这让你明白自己所说的理智，最后竟然是偶然的机会所产生的一种幻觉而已。你是否能够骄傲地说，你已经能够通过摆脱各种迷信、错误的先入为主的观念或是各种荒唐、相互矛盾的宗教理论，从而让自己的心灵得到救赎了？你能够在某种程度上勇敢地宣布，自己已经成为了一个心灵自由的人吗？如果你不能做到这点的话，那么你是无法感受到欢乐的，你只能感受到耻辱。这就印证了笛卡尔生前说的一句话"我思故我在"，而你并没有真正地进行思考。对你来说，大脑已经结满了厚厚的蜘蛛网，并且随着你活的时间的增长，灰尘会越积越多。你的心智也因此布满了灰尘，就像从来没有打扫的阁楼堆满了灰尘一样。

  不谈所有偶然的事情，你的心智也可以拥有更为强大的潜能。如果你能够努力清扫大脑中的灰尘，定时存储一些有用的思想，那么你就能拓展自己的思维。如果你能够勇敢地挑战自己所持的一些先入为主的观点，下定决心再也不成为这些观念的奴隶，那么你就能够成为一个真正意义上的理智之人，而不是一个单纯的思想机器。如果你对关于人生的观点产生兴趣的话，那么你就能够挖掘自身之前从未想过的创造性能量。我觉得，怜悯之心是想象力的源泉。即便你以最小的程度去表现出来，你也能够感受到创造性思维所带来的愉悦，能够在某种程度上与别人分享自然赐给你的天赋与才能。你将会摆脱之前的自我，找到人生的真正含义。你能够将过去的自我抛弃掉，成为最好的自己。

第七章　意志与方法

所谓的幸福，不过是心智处于一种健康与完美的状态。

——马库斯·奥勒留

那些不了解智慧与美德的人始终都会想办法满足自己的感官刺激，他们根本不会去追求任何具有价值的东西。他们会以随意的方式去面对自己的生命，所以从未能够进入真正意义上的上层社会。若是我们对这些人进行认真的观察，就会发现他们始终没有找到属于自己的真正的人生道路，他们也没有成为真正意义上的人，他们也从未尝试过真实且持久的乐趣。

——柏拉图

任何人心智里的思想都能够迅速转变成一种能量，并且成为做好事情的重要工具。

——爱默生

意志就是心智的方向舵，意志并不会帮助我们推动人生这艘航船不断前进，而是负责给我们提供指引。那些没有坚定的意志能量与坚定目标的人就像是一艘没有方向舵的船只。这样的人就像是被遗弃在汪洋大海里的人。他们只能够随波逐流，跟随着每时每刻的风浪去转动。因为他们缺乏把握自己人生航向的能力，所以他们只能够跟随着每一个海浪而漂流，虽然这会将他们带到危险的处境，让他们被重重波浪弄得粉身碎骨，或是让他们陷入毫无怜悯可言的漩涡当中。只有意志能量以及这种能量本身才能够指引他们远离这些危险，让他们能够勇敢地面对各种危险的风浪，引领着人生这艘航船进入一个预期的港口。

换言之，正是意志能量本身保证我们在人生的任何领域中都能取得成功。如果一个人缺乏这样的意志能量，那么他就是消极被动的，只能被动地接受着外界的任何影响。感知能力、记忆能力以及各种联想的能力可能会为我们的自我意识提供许多物质材料。但是，我们需要记住一点，那就是这些能力为我们提供了感觉、想象以及保持理智的能力，但这些能力本身只是为了自身而存在的。这样的能量永远都无法让意识的存在展现出来。这只能够将我们的一些印象呈现出来，却无法给我们带来任何好的回报。

另外，心智究其本质来说是具有反应性的。这种身体机能其实就是我们感受外界印象的媒介，这同时也是我们做出反馈的一种媒介。这种反馈本身是非常简单的。这包括我们需要对原生质身体的分子进行重新的调整，因为这样的身体调整会影响到我们整个身体的活动行为。在更为高级的生命形态里，我们会将之称为肌肉的收缩。唯一可见的事情就是，拥有最高形态心智的人能够对外部的任何动机做出反馈，那就是让身体做出这样的肌肉收缩行为，让这样的行为与我们的心智处于一种无法分离的状态。

因此，心智所具有的这种反馈性能力就其本身来说是简单的，这与我们接受性的能力是相当的。但是，这样的结果在不同的情形下也会变成一个非常神奇的复合体。即便是结构形态最为简单的有机体都能够对外界加在它们身上的刺激做出即时的反应。但是，更为高级的生命有机体则能够在瞬间接受众多的刺激，让我们很难在瞬间就对这些刺激做出充足的反应。但是，这能够培养我们对某些行为做出反馈的能力，或是将这些能量通过其他方式转移出去。一些反馈行为是会被禁止的，而其他一些反馈行为则会超越它们之前正常的反应范围。这种一方面出现抑制行为，另一方面出现扩张行为，其实都是自愿的表现。关于这种功能的第一方面，其实与这种功能的第二方面是非常类似的，虽然很多分析家都会忽视这样的事实。

意志所具有的能量，其实就是这种形态发展到高级状态时的一种表现，这能够在那些不是严格意义上的心灵能量中产生，但是这样的一些能量能够超越这些方面，从而给我们带来一些动机，然后决定这些感官刺激是否值得我们做出反馈，意志了解各种集合思想的某一种具体形态是否能够通过肌肉做出外在的表现。一旦这样的行为被我们的意志所决定，那么就是为我们沿着某个方向做出反应敞开了大门，让其中积累的一些能量能够释放出来。这个过程让我们很难追溯其中的能量，也无法让我们对其中的能量做出任何的反馈。身体机能无法释放出它们没有接受到的任何能量。但正如一些人所说的，抑制性的反应所累积下来的能量能够通过某个渠道释放出来，这释放出来的能量能够对我们拥有的这些能量产生重要的影响。我们绝大多数复杂的行为都是对外界一些无关紧要的刺激做出的，但这些事情的重要程度则与各种反应密切相关。这与当一位家庭主妇发现了家里的客厅出现了一块肮脏的污泥时，就将整个房子都打扫了一遍类似。

因此，简单地说，意志其实控制着我们心智与环境之间的活跃关系。更为重要的是，意志甚至左右着那些被动接受功能，因为它可以让我们对外界冲击做出反应。若是我们对这样的能量进行对比的话，就可以发现心智在其他方面的能量似乎在不断缩小。这似乎变成了控制状态的重要能量。我们可以充分利用这样一种身体能量，因为这是一种本质上极为敏感的能量，这会给我们留下如同印刻在大理石上的文字那样深刻的印象。这其中的关联是广泛且强烈的，同时还具有清晰的逻辑性。如果我们的意志拒绝做出恰当的反馈，或是拒绝身体感受到的一些全新感觉，那么我们又会面临怎样的问题呢？

这就是很多非常优秀的人到处碰壁，无法取得成就的重要原因。我们中绝大多数人都能回想起一些大学同学，他们可能拥有极强的天赋——他们具有很强的接受能力，拥有很强的记忆力，同时还拥有着强大的发散思维能力——但这些人在进入了现实社会之后，却变成了彻头彻尾的失败者，因为他们未能准确地指引自身的能量，没有将自身的才华集中在一些目标之上，因此他们始终都无法真正找到适合自己的人生位置。要是这些人能够将自身的能量专注于某一方面，然后坚持沿着一条道路前进，那么他们可能就能够取得极为辉煌的成就。但是，这些人所具有的强大的感知能力，让他们失去了甄别的能力，这反而成为了他们前进的最大障碍。他们所具有的强大感知能力，让他们能够看到很多领域，从而让他们偏离了原先最适合自己的人生道路。当他们的意志能量出现了动摇，或是不断转移方向的时候，他们的能量就会因为没有专注于某个目标而渐渐被消耗掉。与此同时，那些天生接受能力稍微差一点的人，虽然在上学的时候成绩排在全班倒数，但是他们却能够充分发挥自身潜在的能量，最终达到了更高的人生高度。最后，他们成为了取得巨大成就的人。

很多读者会认为，当我这样说的时候，似乎是将意志与判断混淆了，但是并不存在这种所谓的混淆。判断是理智过程的最后一步，也是意志出现之前的一步，因此，这两者存在着紧密的关系，有时我们很难将这两者完全区分开。但是，我现在所谈到的例子是人们具有良好的判断力，但他们做出的决定无法通过意志得到执行。当然，在很多例子里，我们可以看到人们做出的判断本身就是一个错误，但这些错误却根本不是我们所关心的。人们心里知道，在一些情况下，理智具有的能量是没有任何缺陷的，做出的判断也是清晰且富于逻辑的，但他们的意志却不支持他们这样去做。

让我从日常生活的经验中举出一个典型的例子吧。一位具有雄心壮志的年轻人下定决心，想要成为某个知识领域的专家，他做出的判断告诉他，这样做对自己是有好处的。我们可以说，他下定决心，要掌握某一门外语。他充满热情地投入到这项工作当中，在第一天的时候投入数个小时进行学习，也许在接下来的一周时间里，他都能这样去做。之后，他的热情在慢慢地消减，在第三周的时候，他已经暂时放弃了学习外语的动机。半年之后，他已经彻底遗忘了学习外语这回事。

在这个过程中，我们可以清晰地看到，这位年轻人始终都没有改变自己的判断。他完全相信自己在半年内掌握某门外语所具有的好处，这一点与他刚开始学习这门外语时的想法是完全相同的。也许，他能够在学习外语的过程中实现个人的成长，而不是像现在这样一事无成。也许，他下定决心去做其他事情并且已经开始了，但是他这样的行为不过是重复之前的经历。很有可能，在十年之后，他依然都没有掌握好哪一门外语，即便他想要学习这门外语的愿望还是跟十年前一样强烈。而他对这门外语的了解，依然停留在第一个星期所学到的那些内容。根据我的观察，绝大多数人之所以失败或一事无成，其实并不是因为他们在感知、记忆或联想能力方面存在缺陷，而是因为他们的意志能量缺乏一种连贯性。

但若是我们换个角度去看的话，那些具有意志连贯性的人却必然能够取得胜利。这些人在准备学习某门语言的时候，没有让任何其他事情阻挡自己实现目标。在一周结束之后，他们的学习进度可能没有其他学生那么快。但在10周或是20周之后，他们依然在努力坚持着学习。六个月之后，他依然像一开始那样投入那么多时间去学习。他始终坚持着自己的目标，每天不断增强自己对这门语言的了解。当他掌握了这门语言之后，又开始掌握其他方面的知识。

当然，我列举学习语言的例子不过是为了充分说明这个道理而已。那些在学习语言上踌躇不前或摇摆不定的人，在面对人生其他重要事情时同样会表现出这样的问题。而那些在学习语言上表现出坚定毅力的人，同样能够在其他方面表现出相同的毅力与决心。所以说，那些天资聪颖的人可能无法取得巨大的成就，而那些看上去愚钝的人却最终能够在人生的战役中取得辉煌的胜利。感知、记忆与联想能力，这些都是我们成就人生的基础，但意志力却是我们人生的建造者。在现实的物质世界里，要是没有了最优秀的石匠去垒砌的话，即便是质量最好的砖石都无法堆砌成任何有价值的东西。因此，一些人曾说，意志是心智的国王，其他的心智功能都必须要臣服于意志之下。只有在意志的帮助下，我们才能赢得人生的战役，若是没有了意志的帮助，我们最终将一无所有。要是拿破仑的军队没有了拿破仑，那还是一支百战百胜的军队吗？

这些论述的主要目的是为了说明，想要成为优秀的人，必须要努力寻求对自身意志的控制，而不要让意志盲目地对自身的功能进行控制。每一位杰出的国王都拥有顺从的臣民，因为他的意志已经接受了严格的训练，让自身的意志能够将心智的其他能量牢牢地控制住。绝大多数人都拥有很强的感知、记忆与联想能力，从而能够实现人生的目标，但前提就是他们需要给予自己恰当的指引。很多人都熟悉这句话，那就是每天投入一个小时去学习某样东西，那么一辈子下来就能成为这方面的专家。但很少人愿意每天去这样做，虽然他们可能对知识有着强烈的渴求。他们真正缺乏的，就是坚定的意志指引能力。

学校教育的主要目标就是弥补学生在这方面存在的缺陷。大学教育本身所教授的知识不是很重要，但是培养学生的自我意志控制能力，这才是最为重要的，因为这为他们未来的人生打下了重要的基础。这就是教育所强调的"心灵自律"。当然，我们在其他方面的能力也应该得到均衡的培养。当我们的感知能力变得越来越强时，记忆能力就会更加可靠，各种思想的对比也会变得更容易被我们所接受，那么我们就能够取得一定程度的成就。但是，最重要的事情是我们需要养成坚定的意志控制能力。

这就是那些优秀的学生必须要努力学习，才能够赶上那些天资聪颖的学生，而那些天资聪颖的学生却在之后的人生中毫无成就的原因。因为那些天资聪颖的学生从没有进行任何意志自律方面的训练，因为他们只需要稍微进行学习，就能够跟上一般人前进的节奏。而那些天生"愚钝"的学生则必须要努力学习，才能跟上别人的脚步，但他们能够在这个追赶的过程中学习到最为宝贵的东西，那就是充分运用自身的意志能量。这也是他们在大学期间所能够掌握的最好的一种技能。

很多具有天才的人无法从大学教育里得到任何好处的原因，就是他们天生就拥有很强的运用能力，但大学设置的课程反而阻碍了他们能力的发挥，无法帮助他们培养自我意志控制能力，让他们无法专注于某个具体的目标。爱默生说："那些能够始终追求着目标的人，是无比幸福的。"为什么呢？因为这些人为了追求某个具体的目标，始终能够运用意志的能量去对自身的动机进行控制。

那些天生没有这种与生俱来能力的人，要想取得人生的成功，就必须要努力培养这样的能力。为了实现这个目标，他们在成长时期所处的环境就变得很重要。一个接受过恰当教育的年轻人在面对人生这场战役的时候，若是已经培养起自我意志控制能力，那么他必然能够取得最终的胜利。

但是，如果他们未能接受这样的教育——这也是很多大学生无法取得成功的原因——那么他们应该通过什么样的自我学习进行弥补呢？当然，意志本身无法自行变得强大起来。可以肯定的是，即便这是可行的，也必然不是以直接的方式表现出来的，但这可以通过身体养成的倾向这种间接的方式来实现。一旦我们养成了始终沿着某个方向前进的坚定的意志，那么我们就能够取得成功。在这之后，无论是心智层面还是身体层面上的习惯，都是能够通过行动本身去形成的。

我们养成的各种身体习惯都会对我们的心灵产生影响，当我们的身体养成了为了实现目标而行动的习惯之后，我们的意志就能帮助我们摆脱身体的惰性，击败我们人生中最可怕的敌人。

接受过心智自律训练的人必然会让自己的身体做出自律的行为。自律并不是容易做到的。我们的身体总是想办法沿着阻力最小的道路前进，但这样的道路却无法给我们带来任何进步，只能让我们走向堕落的深渊，让我们回复到一种原始的状态。身体与心智都必须要接受严格的训练，才能有正确的行为。只有当正确的行为变成了阻力最小的道路之后，我们才能很轻松地做出最轻易的行为，也就能不断提升自己。

正如我之前所说的，绝大多数人终其一生都没有掌握恰当地在早上起床的方法。当我们的身体机能需要休息的时候，睡眠的习惯就会形成。在早上起床，这应该是我们最容易养成的习惯，也是最为自然的习惯。很多人在苏醒的那个时刻，都会感觉到意识又回来了。康德在长达30年的时间里，每天都在同一个时刻起床。但绝大多数人都会在床上度过他们一天中最宝贵的时间，或是极不情愿地下床。他们接下来一天的工作不过是重复着早上的情况罢了。

在某个时间，我们应该自动地投入到工作中去，而不是怀着不满情绪不情愿地参加工作。这应该成为我们的心灵与生理习惯。绝大多数成功的艺术家与作家都能够明白这个道理。他们不会坐等灵感的到来，而是驱动自己在某个时刻投入到工作中去，在工作中将任何不满的情绪全部清空，直到他们圆满地完成工作。日有所写，日不虚度，正是基于这样的法则，他们才创造出了流传世代的杰出作品。最终，他们在某个特定时间点去做某事的习惯就这样固定下来了。在那个时候，投入到工作中去会让他们感到非常容易，他们也不需要专门去找寻灵感，就能够自然而然地完成天才的作品。不断的训练即便不能带来完美，至少也能够带来提升。但是，这样的训练必须要持续且不能中断，直到我们养成了这样的习惯。我们的意志必须要始终与身体的惰性进行斗争。渐渐地，我们的身体就会自然而然地去做某些工作。最后，之前任何阻挡我们投入到工作中的事情都会消失。那么我们就能处于一种高效工作的状态之中。

　　如果我们不断地进行自我检验、自我审视，怀着不断前进的勇气，让心智指引前进的方向，那就必然能够取得人生的成功。成功或失败必然是你个人能力的最终检验，你要能够追寻自己在最为理智的时刻所定下的目标。当你有了这个目标作为前进的方向，就能够沿着这条路去追寻幸福的世界。

第八章　自我认知

难以阻挡的权力与巨大的财富在某个阶段可能会给我们带来安全感，但一个人的安全感在一般情况下取决于他的心灵的平静以及摆脱野心的羁绊。

——埃皮克提图

德尔菲神谕上刻着两句话，这两句话适用于每个人的人生。一句话是"了解自己"，一句话是"过犹不及"。这两句话是其他格言建立起来的基础。

——普鲁塔克

埃里胡·巴里特——这位"学识渊博的铁匠"——就是运用知识能量最完美的例子。他曾经发表过一篇演说——《诗人是创造出来的，不是天生的》。之前的章节所提到的内容就已经证明了这个观点。但要是我们说每个人天生都面临着一些局限，都无法做好一些事情的话，这则是完全荒唐的。即使每个人从小认真学习，也不一定都能够画出《最后的晚餐》、《最后的审判》等画作，也不是每个人都能够创作出《哈姆雷特》或《浮士德》这样的作品。那些体重超过120磅的人是很难成为优秀的运动员的。显然，每个人在心智方面遭遇到的局限其实要比我们身体遭受的局限更小一些，即便这些局限几乎都是很难去真切感受的。

要是我们拥有智慧，就必然会认真留意古希腊雕刻家尤努斯说出的一句箴言。据说，这句话被雕刻在一个祭台上，这是一个不仅属于霍普还属于涅墨西斯的祭台——"以前，你可能没有这样的希望，但之后你可能不会希望太多"。

来自其他人的箴言可以从古希腊的神殿大门上的字句表达出来，"勇敢，勇敢，勇敢"。但颇为有趣的是，最后一道大门上写着"不要太勇敢"。在这种看似相互矛盾的文字之间有着一种真正的哲学。有时，我们所认为的勇敢只会变成有勇无谋。还有一些限制是我们所无法突破的。对于一般人来说，他们必须要承认，自己的确没有能力去实现一些目标。

对于每一个个体来说，他需要提出这样一个实质性的问题，那就是他个人的野心是否存在着这样的限制呢？

我们只有一种方法回答这个极为重要的问题，这个方法就展现在泰利斯的这句格言当中，"了解自己"。你需要认真研究自己的个性以及心智的能量。你可以将自己的心灵特质与别人的心灵特质进行一番比较。否则，你的这种研究可能没有任何好处，因为若是缺乏比较的话，你必然会成为自我幻觉的受害者。你的自我分析方法会让你更加强调自己想要拥有的特质，你将会通过视觉化的方式去想象自己真正应该拥有什么。

唯一真正的考验，其实就是我们如何去与别人进行对比。正如一位冠军级的运动员只有在与其他优秀选手进行对比的时候，才能够发现自己所处的真正水平。所以，你也应该让自己去与别人进行一番比较，只有这样，你才能知道自己所处的位置。在这个世界上，我们之所以见到很多人无法找寻到幸福，就是因为太多人都无法找到适合自己的人生定位，这样的情况绝对不仅存在于少数人身上。这也绝对不是因为一些人将自己的人生目标定得太高，而是因为太多人将自己的目标定得太低了。对那些目标定得比较高的人来说，这反而能够更好地激发他们的潜能。

对你个人能力的考验，其实始于你在学校读书的时候，但在学校的一种比拼结果并不能视为最后的结果。很多拥有一定能力的年轻人都会被证明是某个行业内的优秀人才，前提是他们要得到展现自身能力的机会。但是，这样的情况毕竟是很少数的。一般来说，一个人的能力帮助他在某个方面取得成功，其实这也能够帮助他在其他方面取得成功。我们必须要将这个过程中真实付出的努力计算在内。一些学生通常无法取得成功，就是因为他们从未真正地想过要努力前进。无论面临着怎样的情况，你在商界或是学术界的早期生涯都能够让你对自身的能力有所了解，让你明白自身的真正兴趣是绝对不能被轻视的。

如果最初的努力证明了自己的能力超出一般人，那么大多数青年人就面临着一个问题，而且对于这个问题的解决也许决定着一切，尤其是他们未来的幸福。这个问题就是生活在乡村还是生活在城市的问题。因为一些人可能会认为，只有少数的领袖是出生在城市里的。当今的这个时代与之前的时代一样，乡村依然是诞生绝大多数伟大之人的地方。尽管如此，很少有真正的领袖会愿意满足于乡村的生活，他们都想要来到人口的中心——城市——去打拼一番。

诚然，对绝大多数年轻人来说，无论他们的心灵处于怎样一种状态，生活在农村似乎都会让他们觉得人生停滞不前，而城市的喧嚣与繁华则能够让他们感到充满生命力。他们能够在城市里获取财富以及影响力。很多人都想着在城市里不断实现进步，实现人生的目标。对很多心智活跃的年轻人来说，他们希望通过自身的努力奋斗去追求卓越，实现目标。对很多怀抱远大志向的年轻人来说，在乡村或是一个小城市里工作，这让他们感到过分狭隘，所以具有很强自我意识的人难以忍受这样的束缚。

按照这样的观点，必然存在着一些理性的看法。世界上所有最具创造性的作品几乎都是在城市生活所带来的刺激下完成的。我们也不能否认一点，那就是城市生活所带来的激烈竞争，能够激发人们内心的许多激情，让他们勇敢地追求进步，不断提升自己的能力。因为这种自我提升的野心就是世界不断进步最重要的动力。"满足的心灵能够让我们始终感到人生的乐趣"——但是，那些只想着大吃大喝的人永远都无法感受到内心的平和。我们还必须要明白这样的道理，那就是"知足常乐能让我们过得更加精彩"。但并不是每个人都能够明白这一点，即饥饿其实要比暴饮暴食更能刺激我们的人生，让我们勇敢地挣脱枷锁，勇敢地实现自己的梦想。

可以说，在饥肠辘辘的时候，很多人能够创造出许多推动人类进步的事物。要是人类始终都处于一种饱食终日、无所事事的状态，那么他们就始终都无法从原始的兽性里摆脱出来。正是身体的饥饿让狮子想方设法去找寻猎物。正是饥肠辘辘逼迫着原本躲在山洞里的原始人努力思考全新的武器，思考全新的攻击猎物的方法，从而帮助人类走上了文明的道路。只有当我们的心灵因为"饥饿"不断激励着我们的大脑时，人类才能够摆脱那种缺乏节制的饱食状态，推动着文明不断发展。

我再次重申，我们必须要留意一点，那就是绝对不能贬低雄心壮志对人类进步所起到的作用。每一个具有天赋的人都能够对这个世界的发展做出贡献。历史上那位"沉默且默默无闻的弥尔顿"早已经被世人所遗忘，因为他没有做出任何值得人们铭记的事情。但是，那一位勇敢地发出自己声音的弥尔顿，通过自身的作品，向世人展现了他的才华，最后被世人所铭记。若是他从不知道自身所具有的潜能，从不去努力地追求进步，那么他是永远都无法做到这些的。

所以，当我们看到来自乡村的年轻人，就可以发现他们的眼神充满了对成功的饥渴，希望能够投入到城市生活的漩涡当中，勇敢地参与到激烈的竞争当中。当我们要指出这些年轻人在追求着一个错误的理想时，一定要做到三思而后行。绝大多数年轻人在进行尝试之后，都会发现原来城市生活并不像他们心中想的那么美好，他们可能会经历很多挫折，遭遇很多失败，但正是在这样的艰难困苦当中，诞生了许多天才式的人物。按照自然对人类生理结构所设定的标准，出现这样的情况也是必然的。若是从推动世界进步的观点去看的话，即便世界失去了许多心智平庸的人，这又有什么损失呢？真正重要的是，那些具有愤怒精神的人，勇敢地突破自己人生的局限，勇敢地向那些最优秀的人看齐，这才是最重要的。拿破仑曾经说过一句愤世嫉俗的话："要是不打破鸡蛋的话，又怎么能有荷包蛋呢？"这句话同样适合那些在城市里打拼的年轻人，因为他们面临的艰难处境其实与战场的士兵是相差无几的。

尽管如此，我们也必须要承认，正是这些勇敢的人推动了人类的进步，成为人类文明的缔造者。我们可以说，正是因为他们对当下的处境感到不满，让他们追寻自己过分自信的目标，不顾一切地推动着社会的发展。我们从来不会否定一点，那就是雄心壮志能够让人类不断实现进步，但知足常乐能够给个人带来幸福的感觉。至少，我们会说，那些睿智的个人会将自己的一些想法拿来与别人进行对比，虽然这样的对比可能会让他感到一些灰心，但是他们还是能够证明自己所拥有的能量。即便是雄鹰，要想展翅高飞的话，也必须要首先锻炼自己的翅膀。

也许，在你开始进行自我认知的时候，这样一种考验自身能力的做法，更能够挖掘你的内在潜能，而这也是喧嚣的城市生活所带来的一种激励，而这些都是乡村生活所无法给予的。当然，这样一种锻炼能够让你成为一个对世界更加有用的人，增强你的个人幸福感，前提是你要在人生早年就知道如何对人的本质进行解读，然后按照这样的想法去对自己进行调整，从而最大化地挖掘自身的潜能，这能够避免你徒劳无功地浪费自己的人生能量，避免最后一事无成的结果。你越早对自己有深刻清醒的认知，你就越能够感受到这样一种自我满足感。

尽管人们都想做到这一点，但是，要想了解自己的偏好与潜能，你应该知道要做的是经常的自我分析而不是什么病态的心理训练。一些具有强烈虚荣心且自私的人永远都在对自己感受到的伤悲夸大其词，似乎自己正在一个舞台上以夸张的手法展现自身的痛楚。你千万要警惕这样一种自我主义。你要以结果去评判自身的努力，而不是以个人对这些事情先入为主的看法作为评判标准。当然，我并不是说，当你在尝试一件事情遭遇到失败之后，就要决定永远都不再去做这件事。你需要不断地尝试，但如果你付出了足够的努力，最后依然得到了失败的结果，那么你就可以思考，是否应该对自己的理想进行一番调整了。因为，成为一个优秀的工匠也要比成为一个糟糕的艺术家更好一些。

我们还需要指出一点，雄心壮志也并不是我们获得某种能力的必然指引。很多人都想要去做他们之前从未做过的一些事情。然而，我们可以看到，不少人似乎都在沿着错误的方向前进。也许，这在很大程度上是因为远大的理想能带来一种具有邻近性的东西。你会发现，在那些从事写作的人身边，十有八九也能够发现一些人正在从事着写作的工作，虽然他们可能天生并不具备写作的天赋。我们都想要去做我们的一些朋友所做的事情，这是非常自然的。但是，其中很多的愿望都是具有幻觉性的。你所能做的，就是努力过好自己的生活，而不是按照别人的意愿去生活，毕竟你是自己的主人。

最糟糕的情形是，如果你想要去做某件自己并不擅长的事情，那么你将无法获得取得成功的两样关键因素——自信与热情。当你觉得做一些事情很难，而你的朋友则能够非常轻松地完成的话，你怎么会对自己的能力产生自信呢？如果你将一件事情做得很糟糕，又怎么会喜欢这样的工作呢？但若是我们从另一个方面去思考，如果你从事某件自己擅长的事情，那么你对成功的衡量标准就能够带给你自信，而自信能够让你拥有更强的应用能力，这将会给你带来更大的成功。与此同时，热情是取得成功的条件。毋庸置疑，热情能够不断推动着我们去从事某项工作，直到我们圆满地完成这项工作。可见，热情是所有具有创造性能力的天才都具有的一种品质。爱默生曾这样谈论自己的人生经验："没有热情的话，人类根本无法取得任何伟大的成就。"

但这里还有需要注意的地方。无论做任何事情，都要成为一名充满热情的人。同时，你也要记住让自己的热情接受常识的考验。你要在坚持某项工作之前，确定自己走在正确的道路上。如果你付出的努力能够接受现实的检验，那么你就可以放心地去做。如果你觉得这样的努力无法接受现实的检验，也不要惧怕做出改变。我认识的那些最为成功的商人都会承认一点，他们曾比其他商人犯下更多的错误，但是他们能够从错误中总结经验，及时地回到正轨，从而超过那些缺乏热情的竞争者。这些商人从来都是乐观主义者与热情主义者。

我们同样需要注意，人的热情必须要经受住常识的考验，才能具有可取之处，否则他们就不可能认识到自己身上的错误，也无法找到错误存在的根源。要是没有了这样的可取之处，热情所指引的自信就会让我们走向一种天方夜谭般的结果，而不是更为现实的结果。所以，我们必须要注意那些未知的因素。改革者的使命是高尚的，但你也要确保自己的改革是符合常识的。

梭罗说："即便我们砍掉1 000片邪恶之树的树叶，若是不能砍掉邪恶之树的根部，这也是徒劳无功的。"

你要确保自己不仅能够触及问题的根源，而且还要努力消除这些邪恶的根源。记住，一般来说，如果你反对社会的一些约定俗成的事情，那么你很有可能会处于一种错误的位置，因为这些思想都是数百年来积累下来的成果。但是，你也有可能是处于正确的一方。但在此之前，你需要认真研究过去，你必须要了解别人在这些相同问题上的思考与想法。

你很有可能会发现，自己所认为的一些革命性思想其实早已经被古埃及的法老或是古巴比伦的魔术师或是更近一些的毕达哥拉斯和柏拉图所讨论过了。世界上最古老的书籍是写在普里斯莎草纸上的，这些文字可以追溯到公元前3 000年。这些文字表达了一位老人因为这个世界并不如想象中那么美好而发出的悲伤话语。这些文字所传递出来的悲观主义加上各种具有破坏性的批判，就变成了那个时代的产物。因此，我们必须要对这些思想采取一种批判的接受态度。

因此，你要十分确定自己的坚定决心与坚持不懈的努力能够帮助你实现自己心中的目标，而不是追随着一些虚无缥缈的目标。你要确定这代表着你真正的意愿，而不是你心中某种顽固的想法，确保不让那些先入为主的成见阻挡你的进步。因为如果你所设定的目标是虚无缥缈的，那么坚持下去只能让你走向彻底的失败。那样顽固的坚持可能会让你处于一种失去理智的状态——最后进入精神病院或是监狱——这与我们之前所谈到的值得赞扬的目标是完全不同的。因此，我们在这里需要加上一点，那就是我们的目标必须要接受常识的检验。我们有很多方法可以证明一个目标是可行的还是海市蜃楼。但很多人在处于狂热状态时，都不愿意接受这样的检验。

我甘愿冒着一种看似的渐降法所带来的不良影响，依然要重复这句话："勇敢，勇敢，勇敢，但不要太勇敢！"你要深思熟虑去检验自己的热情。你要让自己的自信情感基于真实的自我认知。你要拥有坚定的意志，但也要确保这不是你内心的顽固思想。你可以胸怀大志，但绝对不要去追逐虚无缥缈的东西。虽然你的人生旅程可能无法引领你到达你想要的高度，但你能够经过许多让人愉悦的道路，这让你比那些具有雄心壮志的旅行者更能体验到人生真正的幸福。

第三部分　幸福的问题之社交层面的问题

怎样对待上司，就要怎样对待下属。

——塞内加

第九章　如何工作

> 事前深思熟虑，行动果敢坚决，优雅大度地屈服或是无所畏惧地反对。
>
> ——克尔顿

> 真正的男人，要集中精力，无所畏惧地去做正确的事情。
>
> ——爱默生

今天是我们拥有的一切。大家都知道，明天永远都是不确定的。当下所拥有的时光就是我们最能把握的。昨日已经逝去，永远都不可能回来了，但是明天却又在孕育当中。当下才是我们所能真切拥有的一切。

每个时代的人们都能够真切地意识到这个永恒的事实。使用每一种语言的人都会发出这样的感慨，即类似"注重当下"这样的话语。普天之下，所有人都会认同，最为重要的就是当下。但是，这样的自明之理就像其他非常明显的真理一样，始终都让我们觉得很难去践行。那些具有沉思精神的人始终都会想在今天制订计划，然后想着在明天执行这些计划,但是他们不知道,明日复明日,明日何其多。与此同时,拖延懒惰的习惯始终都在偷窃着我们的时间。那些空有理想,却没有在当下将之付诸实践的人却始终都在原地踏步,忽然一觉睡醒,发现自己原来已经人到中年,接着就变成了一个白发苍苍的老人。但他依然没有实现自己的理想,甚至根本就没有迈开自己实现理想的步伐。

也许,这就是上天跟我们开的一个自相矛盾的玩笑吧,那就是那个"明天"始终都不会到来,但是年月却以迅雷不及掩耳之势从我们身边溜走。任何人都无法拖慢时间的脚步,任何力量都无法重新让我们回到一个小时前的状态。任何天才所能够利用的,也不过是当下的每时每刻。若是我们习惯了拖延,那永远都将一事无成。

若是我们认真审视低效的状态,就会发现拖延症是这一切背后的根源,这样的习惯让我们始终都在为过去逝去的时光感到后悔。对于那些"为打破的牛奶瓶哭泣的人",坐等着未来,其实就是一场徒劳无功的事情。无论你在昨天犯下了怎样的错误,都已经无法挽回了。你要在今天吸取这样的教训,这要比你依然沉浸在昨日的懊悔当中更加具有价值。你要下定决心,绝对不能犯相同的错误。从现在开始,你就要在当下做出判断,更好地审视自己要走的道路。

我们必须要承认,我们真正的工作时间,永远都是在今天,而不是在明天。我们每天为工作安排了多少的时间呢?我们应该早点工作还是晚点工作,还是只工作几个小时呢?若是在最后这种情况下,那么我们是该早点起床工作,还是晚上熬夜加班呢?

我觉得,在面对这个问题的时候,很多人显然都会安排出一些时间进行工作,从而实现某个目标——这是艺术家、作家、音乐家或是那些想要在任何行业取得成功的人的任务。当然,一般性的工作与职业必须要在常规的时间里完成。假设你拥有许多选择,你会选择在什么时间去工作呢?

也许,这些问题没有绝对意义上的答案,因为很多成功人士在这个问题上都会有许多不同的想法。很多文学创作者在这方面都会表现出诸多古怪的行为,将白天当成黑夜,在大多数人都睡觉的时候,他们则进行创作。他们说,只有在半夜安静的时候,他们才不会被任何嘈杂的声音所影响。一些作家在创作的时候,对于外界的干扰显得特别敏感,认为只要身边出现了任何一点嘈杂的声音,他们都将无法集中精神,无法更好地进行创作。年轻时候的普林尼就告诉我们,他喜欢在一个完全黑暗、彻底安静的房间里进行创作。黑暗与绝对的安静能够让他最好地将自己的思想表达出来,能够让他创造出最好的作品。

可以肯定的是,普林尼每天很早起来工作,而不是在半夜的时候工作。但是,当代很多人都无意模仿他的这一作息规律。每个人都会承认一点,那就是人类的大脑在早上睡醒之后,会处于一种极为清醒的状态。因为工作需要我们具有保持逻辑性的大脑。我认为,在早上工作绝对要比在晚上工作更好一些。另外,我们也会认同一点,那就是心智在晚上的时候更容易受到情感的影响,因此这也许是创作小说的一个好时机。但是,有些人认为工作的时间会对工作的成果产生巨大的影响,针对这一点,我是持怀疑态度的。无论是在什么时候投入到工作中,只要我们能够保持着清醒的大脑,就能够高效地完成工作。

简而言之，我以为，适合很多作家的黑暗或是绝对安静的工作环境，其实并不是绝大多数人所需要的工作环境，因为这些工作环境只是单纯适合作家个人而已，不能推广到其他人身上。一个接受过心智训练的人应该能够在任何时候控制住自己的心智情绪，一旦投入到某项工作当中，就会遗忘身边所发生的事情。据说，霍勒斯·格里利就是在喧嚣的政治集会上写社论的，如果情况需要的话，就直接坐在百老汇路边的座椅上，就像他在办公室里那样写文章。我认为，若是大多数人都能够让自己的心智沿着正确的方向前进，那么是能够让自己独立于环境之外的，不会被外部的环境所打扰。事实上，我认识的一些作家则认为，在喧嚣的城市里写作要比在安静的农村更能激发他们的灵感，因为他们觉得外面的噪音仿佛能够保护他们，根本不会真正影响他们的创作过程。

一个显而易见的道理是，你需要学会自我调整，从而拥有胜任某项任务或工作的能力。你可能掌握了如何在城镇或乡村工作的方式，习惯了在白天或晚上工作的方式。但是，你千万不能让一些虚无缥缈的借口阻挡你——因为这会让你心智中懒散的一面占据上风——认为你只有在一种更加舒适的环境下才能够将工作做好。对于达尔文、乔治·埃利奥特、伊丽莎白·巴雷特·布朗宁或是赫伯特·斯宾塞等人，即便是健康状况不佳也不能阻挡他们去工作。正如汉密尔顿所说的，只有那些所谓的一知半解的人才会等待着灵感的到来。真正意义上优秀的人是可以在任何时候投入到工作中去的。这些人不会等待所谓的灵感，也不会太在意自己是否处于一种有益的环境当中。在那些拖延之人刚要准备开始某项工作的时候,这些人已经圆满地完成了工作。

虽然你可以证明自己在任何环境下都能够进行工作,但这也不是说你应该完全无视环境所带来的影响,当然前提是你有多种选择。若是你想要取得真正伟大的成就,完全无视自己所处的环境,这也是相当愚蠢的行为——当然,这里所说的环境是一个广义词。就人类的本能来说,人类本身就是一种群居的喜欢社交的动物。相对来说,那些喜欢隐居的人都很难取得任何大的成就。若是我们对那些名人的自传进行认真的思考,就会发现真正意义上的天才都绝对不是与世隔绝的天才。

若是我们认真审视各个时代那些伟大的艺术、文学或是科学的创造者,就会发现他们都会倾向于形成某个学派,从而将一帮志同道合的人聚集在一起。因此,古希腊的三位著名悲剧作家埃斯库罗斯、索福克勒斯以及欧里庇得斯都是生在同一个时代,并且都居住在雅典。古希腊还有三位伟大的历史学家,他们分别是希罗多德、修昔底德以及色诺芬。在哲学家方面,柏拉图是苏格拉底的门徒,而亚里士多德则是柏拉图的门徒。古罗马的文学发展同样有这样的倾向,维吉尔、贺拉斯、奥维德、卢克莱修、西塞罗、恺撒以及李维都处于同一个时代,而塞内加、普林尼父子、塔西佗等人则处于另一个时代。复兴的意大利文学让人们知道了但丁、皮特拉克、薄伽丘等人的杰出作品,而艺术方面的复兴则让我们知道了契马布埃与乔托等人的艺术作品。在意大利文艺复兴的鼎盛时期,我们可以看到来自佛罗伦萨的三位大师:达·芬奇、米开朗基罗与拉斐尔。

近代历史也出现了类似的情况,那就是许多天才都会聚集在一起,相互进行比拼与鼓励,从而推动历史的发展。我们可以随意地举个例子,比方说伊丽莎白一世时代的戏剧作家,那时候就有莎士比亚与约翰逊;而谈到湖畔派的诗人,则包括柯勒律治与华兹华斯,当然还有斯科特、拜伦、莫尔、歌德、席勒等人。在美国,则有爱默生、霍桑与梭罗等人。

即便是对那些最具天才的人来说,与志同道合之人的相互接触所带来的影响也是非常明显的。可以想象,这些天才所撞击出来的火花会给一般人带来怎样的心灵震撼。在需要耐心研究而不是天才洞见的领域里,这种情况则特别明显。吉本所创作的《罗马帝国衰亡史》,也许是人类历史上最伟大的一本历史著作,要是没有了他早年在英格兰受到的休谟与罗伯逊的影响,可能他永远都写不出这部作品。乔治·格洛特所创作的《希腊史》是一本地位仅次于吉本的《罗马帝国衰亡史》的作品,同样是受到了米特福德个人经历的直接影响。而在自然科学研究领域里,这种相互交流所带来的影响更是让人无比震惊的。高尔顿就曾将这样的交流视为诞生科学天才的一个最重要前提。

不管怎么说,你都要尽可能与志同道合的人进行交流。你可以从他们身上得到你想要找寻的灵感,这是你很难从自己身上得到的。同时,你也无法以其他的方式对自己进行衡量。

与那些具有天才的人进行这样的交流所具有的价值,是我们在隐居生活中无法得到的。当我们与具有成就的人进行交流时,就能够知道即便是最具天才的人也不能免于辛勤的劳动。人类的历史已经清晰地表明这一点,事实就是如此。

比方说，莫泊桑就对我们谈论过他的信念，他认为只有付出不懈的努力，才是在某一领域取得成就的唯一出路。每个人都知道他曾在老师福楼拜那里当过学徒，然后才出版自己的著作。史蒂文森最后出版的作品也是经历了无数的困难才完成的。

这些例子都能够说明一点，那就是成功本身并不能单靠自身某些优异的天赋，更需要凭借我们无比坚定的意志。但是，我们还是可以听到不少具有极好天赋的人取得成功的故事。据说，麦考利在八岁那年就能够写出一篇有关人类历史的文章，在他壮年的时候，曾经连续几个星期专注于一篇文章的创作。罗恩·汉密尔顿爵士在小时候也曾被称为神童，但他同样凭借着自己多年的努力，才为自己积累了名声。达尔文耗费了 20 年时间用于研究关于生物进化的理论，最后才向世界公布了这一理论。

在过去的时代，几乎所有真正的大师都是勤奋的代名词。米开朗基罗完全靠自己的双手在西斯廷大教堂的天花板上进行绘画，他曾发明了一个独特的脚手架，从而更好地进行工作。达·芬奇也是一个对工作无比痴迷的人，他在多个领域取得的多方面成就就是最好的证明。伊拉斯谟在人生早年就明白了必须要勤奋的道理，所以他绝对不允许自己浪费半点光阴。他在从意大利前往英格兰的旅途中，创作出了著名的《愚人颂》，这就是他白天骑在马背上思考，晚上进行创作的结果。

艾德里安·特内布斯——一位著名的法国评论家——也是一位非常勤奋之人。据说，他在自己结婚的那一天，还要抽出一定的时间进行阅读。格劳修斯被关入监狱里后，他加倍努力，继续追求自己的梦想。为了消磨时间，他翻译了欧里庇得斯的作品，将自己著名的作品《荷兰宪法制度》翻译成荷兰语，并且为自己的女儿创作了一本教义答问书。

马其顿的菲利普曾揶揄叙拉古的暴君狄俄尼索斯，当后者询问他的父亲是如何有时间去创作颂歌以及悲剧的时候，他回答说："他在你与我都在喝酒作乐的时候进行创作。"另一位西西里岛人狄奥多鲁斯则耗费了30年时间，在罗马收集他想要的历史文物，同时还在当时人类已知的区域进行探险。按照现在的观点，当时的世界依然处于一种"年幼"的状态，当然那时候保存下来的历史遗迹肯定无法与现在相比。

历史编纂者吉尔伯特·博内特，这位《他所在时代的历史》一书的作者，就从小被他的父亲要求在早上四点钟起床，然后开始学习，直到他的年轻时代。因此，这样的习惯成为他的第二天性，这帮助他最大限度地利用好了人生的时光。本生也有这样早起的习惯，他在担任英国宫廷大使的时候，依然能够挤出时间去创作《古埃及历史的意义以及影响》一书。

狄俄尼索斯·拉尔修就曾说过关于亚里士多德的故事。他说亚里士多德在看书时总是怀抱着一个黄铜球，如果他在看书的时候不小心睡着了，那么黄铜球就会掉入水盘，溅起来的水花就会让他苏醒过来，重新开始学习。也许，这个故事是后人虚构的，但这的确能够说明古时候的亚里士多德是一位多么勤奋的人。至少，这样一个事实能够说明一点，亚里士多德的名声绝不是单纯凭借其自身的天才所得来的，更多的是凭借他超乎常人的勤奋换来的。斯塔基莱特保留到今天的作品要超过古希腊其他作家,这也充分说明了他在当时是一个多么勤奋与努力的人,否则很难创作出如此多的作品。

被称为罗马帝国的"亚里士多德"且能够在自然史方面挑战这位古希腊伟人权威的人是老普林尼。这位杰出的人物养成了极为严苛的习惯,就是每天都要完成一定的任务量,这样的习惯也遗传到了他的养子小普林尼身上。这样的例子充分说明了应用知识所具有的巨大能量的价值。许许多多的例子都能够证明这样的观点。

在夏天的时候,老普林尼始终都要在天尚未完全亮的时候就开始学习,在冬天的时候,他则是一大早就起来学习了,几乎都是直到半夜时分才睡觉。几乎没有人像他这样睡那么短的时间,还能刻苦学习。在天亮之前,他通常就已经在等待着韦帕芗了,对方也选择在这个时候去进行交易。当他完成了皇帝交给他的任务之后,就会回到家继续自己的学习。在夏天的时候,他吃过短暂的午餐之后,就会在阳光下静静地思考,在这段时间里,其他的作家可能会给他读一些作品的节选与观察的内容。无论他阅读什么书籍,他都喜欢这样的方式。他始终坚持一个观点,即没有什么书是完全一无是处的,一本书肯定能有让你得到收获的地方。

在完成了这一切之后,他通常会进行冷水洗浴,然后吃点食物,稍微休息一下。当他醒来之后,仿佛觉得这是全新的一天,继续学习,直到晚餐的时候。当别人给他阅读一些书籍的时候,他也会在这个过程中发表自己的一些想法。他的养子小普林尼就曾讲过一个例子,说明他是多么珍惜每时每刻,对知识是多么如饥似渴。有一次帮他朗读的人读错了一个字,坐在桌旁的他的一个朋友就让对方重复这段话，然后老普林尼询问这位朋友是否明白那个字的意思。朋友说自己明白这个字的意思。于是，他说："既然这样，为什么你要让那人重新读一遍呢？我们被打断而少听了十句话。"在夏天的时候，他总是在天亮之前起床，在冬天的时候，他总是工作到夜深为止。

虽然是在喧嚣的城市里生活，但他始终保持这样的生活方式。若是他在乡村里生活的话，那么他可以不受中断地工作，除了他去洗浴的时间。即便他在洗浴中擦拭身体的时候，他都要让人念书给他听，或是自己默念一些书籍的段落。在他的整个人生里，他从没有浪费过任何读书的时间。当他在读书的时候，心智完全专注于这样的一种思想当中，所以他能够专注地运用这样的思想。一位随从在冬天的时候驾马车来接他，只见他戴着厚厚的手套，但依然没有因为寒冷而浪费学习的机会。

当然，我们很难证实这些事情的真假，但是，这些人对知识的渴望以及对运用知识的追求，的确能够帮助他们克服任何的障碍。诚然，老普林尼从来不认为自己的前进道路上存在着任何障碍，因为他从来都不将这些障碍视为障碍。他始终发挥着自身的天赋，做着自己喜欢做的事情。但在某些例子里，我们可以看到一些完全不具有某种自然天赋的人，依然能够凭借自身的努力去实现他们之前根本不敢想象的目标。德摩斯梯尼就是这方面最为典型的例子，他的例子可能很多人都非常熟悉了。我们可以确定的一点是，他是古代历史上最伟大的一位演说家。但是，他一开始却只有"低沉的声音，短促的气息以及非常粗鲁的举止"。但是，他凭借着坚定的意志与无所畏惧的决心，最终克服了这些障碍。他攀登到陡峭的悬崖边，借着风声，提高自己的声音。他会在练习演说的时候将鹅卵石含在嘴巴里，从而改变自己发音不准确的毛病。他会站在镜子前，努力改正自己一些笨拙尴尬的举止。他从一些最杰出的演说家那里学习了一些优雅的举止以及正确的发音方式。他始终专注于提升自己的演说能力，他甚至生活在一个洞穴里，将自己的头发剪掉，从而逼迫自己在头发长出来之前，都不能离开这个洞穴。他经常站在海边进行练习，咆哮的海浪仿佛成为了他的最佳听众，这为他克服怯场的心理提供了最佳的训练方式。他克服了重重的困难，最终成就了自己。他的传记作家曾这样写道："这个世界上没有天生的演说家，只有经过不断训练与努力之后成功的演说家。当我们拥有了这样的毅力之后，就能够在任何行业里取得成功。"

阐明这个道理的另一个例子莫过于埃德蒙德·斯通的人生了。这位著名数学家的人生就是对这个道理的最佳诠释。他是土生土长的苏格兰人，他的父亲是安吉尔公爵的园丁。他当时所接受的教育只不过是这位公爵的一个仆人所教的阅读。"那时，我第一次知道了人是可以学习的。"斯通说，"当时公爵的宫殿离我家并不远，一天我看到一位建筑师手里拿着尺子与指南针，在进行着计算。我询问这些东西有什么用处，建筑师告诉我，这个世界上有一门名叫算术的科学。于是，我就买了一本关于算术的书籍，认真地学习起来。之后，有人告诉我，这个世界上还有一门名叫几何的科学，于是，我就买了关于几何方面的书籍，认真地学习起来。在学习的过程中，我发现，关于这两门科学的最顶尖的知识都是用拉丁文写成的，于是我就买了一本字典，认真学习起了拉丁语。我知道还有许多类似的书籍都是用法文写成的，于是我又买了一本字典，认真学习起了法语。我的主人，我就是这样去进行学习的。"下面这段他说出的简单话语能够概括这一切，"在我看来，当我们了解了26个字母之后，几乎能够掌握任何方面的知识。"

这些关于学习与运用知识的例子还有很多，但我们根本没有必要继续罗列这样的例子。从某种程度来说，历史上那些伟大人物几乎都有着相同的人生故事。人们对那些取得成功之人可能有着不同的看法，但是我们可以肯定的是，并不是每个成功之人都是具有独特天赋的人。像莱昂纳多·达·芬奇、米开朗基罗等人，拥有着常人难以企及的天赋，只要他们稍微在某方面付出一些努力，就能够远远超越其他人——虽然这样的微小付出可能让他们无法取得那么辉煌的成就，但足以傲视群雄了。我不敢确定亚里士多德与老普林尼是否属于这一类的天才人物。他们都属于那些博学且有才的人物，当然他们也是经过了不懈的努力之后才取得了最后的成功。他们并不是完全凭借灵感的帮助一飞冲天的。这种努力学习与运用知识的习惯能够将他们内在的潜能激发出来，从而取得多方面的成就。这些例子能够让我们明白一个熟悉的道理——即便这个道理本身不是很能让人信服——那就是对天才的定义应该是："有能力做好工作，同时有能力去承受痛苦。"

列举这些伟大人物的例子是为了说明一个道理：一定要努力让自己成为某个方面的大师，要专注于一方面的知识，同时对其他方面的知识有所涉猎。那些伟大人物正是这样做的。这也是我们学习与运用知识的目标。

但是，每个人都能够培养这种学习与运用知识的习惯吗？也许不是每个人都能够做到的。虽然我们都会惊讶地发现，培养起来的一个习惯能够给我们带来多大的改变，而一旦我们坚持了某个习惯，那么这样的习惯所带来的改变更会让我们瞠目结舌。事实上，良好的人生习惯最终不仅能够提升我们的意志能量，让我们勇敢地追求之前的梦想，而且还能够牢牢控制我们的意志，让我们始终忠于自己的目标。关于这些方面的现实例子是很多人都非常熟悉的，那就是一些人在人生早年就通过自身努力获得了一笔财富，然后他认为自己应该远离工作，好好地过上节约的生活。一旦自我克制与节约的习惯养成之后，就很改变了。虽然这种习惯在一开始养成的时候也会让人感到痛苦，然而，一旦养成之后，就会变成了我们的第二天性。最后，当我们实现了自己原先设定的目标之后，我们的判断力就会告诉我们："现在是时候放下这一切，享受劳动的成果了。"但是，我们的习惯却会说："我们还要像一开始那样节约地生活。"我们就会像发了疯那样继续追求更多的金钱，此时的我们再也没有了任何目标，一心只是想着赚更多钱，根本不会在意个人是否得到了成长。

与此类似，在其他不同的领域，相同的事情依然在不时出现。达尔文本人就曾承认，常年专注于科学思想，让他对任何其他学科都提不起兴趣。他再也无法享受艺术或是音乐所带来的美感了。他的心智仿佛变成了一个机械，只是能够进行科学方面的思考。

我们没有能力摆脱的这些习惯，它们一开始都是我们耗费了不少努力才养成的。当我们希望那些好习惯能够持续下去时，它们就有可能会在我们专注于实现某些目标的时候带来许多好处。那些在人生早年就找准了自己人生目标的年轻人是非常幸运的,他们可以说:"这就是我想要去从事的事业。"然后就始终坚持着这样的目标。良好的工作习惯能够给我们带来极大的帮助,持续地为我们的意志提供能量。随着我们的人生视野不断得到拓展,我们的兴趣就会随之提升,就会感受到更加美好的东西。这反过来能够保证我们拥有着鲜活的记忆,让我们的许多思想能够传播出去。到那个时候,我们身体的每一个功能都能够相互帮助,刺激着其他功能处于最佳的状态。当我们处于一种和谐的身心状态时,就会发现个人的能量得到了增强。这些幸运之人在一开始挖掘这些能力的时候,根本不可能会想到最后的结果竟然是如此之美好。当有些人说他们这一生可能会在平庸中度过的时候,他们最后却经常成为了世人口中的天才。

要是我们对挖掘意志能量这方面进行认真的思考,审视一下意志的稳定性所能给我们带来的好处,那么我们几乎可以肯定一点,那就是每一个心智正常的人都拥有着成为天才的潜质。当然,如果你缺乏某一方面的强大感受能力,也不需要为此感到绝望。你只需要让自己的目光死死地盯着远方的目标,下定决心,即便自然从一开始就让你成为了一只"乌龟",那么你也需要凭借自己的努力,做到最好,为赢得最终的胜利做好准备。

可以肯定的是,没有比克服重重困难带来的那种愉悦情感更让人感到自豪的了。在你高效地完成了一天的工作之后,你必然能够感受到内心的满足。要是你能够长年累月地以这样的状态完成工作,那么这就能够给你带来难以估量的满足感。可以说,过去的工作能够给你带来美好的回忆。

不要为了卖弄去做事,而要为了自己的良心。要找寻美德本身带来的奖赏,而不要希求别人的夸赞。

——小普林尼

第十章　年轻与年老的对比

那些善用时间的人是幸福的,不管他们善用了多少时间。

——塞内加

假如不曾虚度年华的话,年轻人也可能老成持重——但这样的情况非常少见。

——弗朗西斯·培根

假设一个人非常努力地奋斗,最大限度地抓住了机会并释放了自身的能力,但他在多年的努力之后依然得到了失败的结果。当他进入中年的时候,才终于意识到自己在人生努力的方向上犯下了错误。难道他就应该为自己人生中的每个阶段都写下"失败"的字眼吗?难道他已经没有时间再去弥补自己的错误,没有从头再来的可能性了吗?

这个问题让我们可以直面历史上由来已久的问题——年轻人与老年人对比的问题。无论在任何时候任何地方,这个问题都是我们需要努力解决的,这个问题现在也已经进入到我们当下的话题当中。我们始终都被灌输这样的观点,即一个人太年轻的话,就可能无法胜任某项工作，若是一个人太老的话，那么他也将无法胜任某项工作。除此之外，人们甚至会宣称只有过了21岁，一个人才能够正式履行一些职责或是拥有一些权利。他们特别指出，任何人都不可以在35岁之前成为这个国家的总统，他们甚至将陆军与海军军官的退役年龄规定在65岁左右。

乍看起来，年轻与年老之间的对比似乎总是在给我们制造各种障碍，让我们很难分清楚其中的界限。正如我们对男性与女性的心智进行对比时，也能够发现这其实会让我们失去长久以来保持的内心的和谐。但是，生物学家们向我们证明了一点，那就是这样的对比并不是完全绝对的，因为每个具体的例子都是不大一样的。若是从生物学的观点去审视的话，那么每个个体都是隔代遗传法则的产物，这种法则就决定了每个人都可能在他的一生中重现他祖上的特征。因此，孩子往往表现出我们早期祖先身上的许多野蛮特征。年轻人拥有着充满热情的理想，希望能够建立一个富足的新生国家。中年人则会对一个处于巅峰阶段的国家有着清醒且成熟的认知。而老年人可能会展现出一种衰败的迹象，就像一个国家正在慢慢地从强盛衰落到毁灭的深渊。

所以，人到中年之后，就会变得更加世俗起来，这并不是说他们开始厌恶想象了，而是他们认为年轻时候的梦想是属于少年时期的一番幻想罢了，是他们自身虚荣心与愚蠢的一种表现而已。而对于老年人而言，他们则沉浸在对过去的回忆当中，加上身体逐渐羸弱，所以这个世界似乎没有之前那么友好与让人愉悦了。每一个全新时代的人所展现出来的热情都会让老年人觉得这是一种愚蠢的幻想而已，让老年人觉得这是无比荒谬的行为。

诚然，我们可以在任何一个时代都发现一点，那就是年轻人对于年华的流逝都持一种鄙视的态度，认为年老与年轻人是毫不相关的。这的确与我们之前提到的隔代遗传的解释是相反的——正如野蛮人与文明人之间的区别，这会让我们无法对彼此产生互信，导致我们以傲慢的态度去对待彼此，缺乏对彼此的尊重。

每个人都是个人时代的产物，这个世界永远都不会处于一种时间停顿的状态。因此，这会让每个时代的人都能够与之前各个时代的人展现出不大一样的特质。一个时代的人所持的态度多少都会与我们的国家对其他国家的态度有所联系，这样的态度可以用疏远这个词去形容。正如那句话所说的，任何一个身在异乡的人都很难有回到家的感觉，与此类似，任何一个人在与其他世代的人在一起的时候，都不可能感觉特别自然。

对这一重要论述的一个熟悉的例子就是，我们可以对许多人或是团体进行认真的审视，这些人可以是你所在社区附近的人。这样的原则是可以通用的，需要我们不断对此进行解析。因此，我们很有必要去了解这样一件时常被世人所忽视的事情，单纯用年龄的界限去区分某一个时代是不大合理的。诸如"年轻人成熟老成"这样的话就代表着其中的内涵。事实上，很多人在他们70岁乃至80岁的时候，依然保持着年轻的内心。

一般来说，虽然不是绝对的，但我们的记忆会随着飞逝的时光而变得模糊起来，让我们忘记了早年所持的理想与思想。一般来说，情况并不总是如此。因为我们早年许多对未来的热情或是不成熟的判断现在都已经消失了。亚历山大大帝在他20岁的时候就成为了统治希腊的独裁者，在他30岁之前就成为了西方世界的统治者。恺撒在22岁的时候就统治了当时已知世界的一半版图，而在10年之后几乎统治了全部的已知世界。拿破仑在30岁的时候就已经取得了一连串后人难以逾越的军事胜利，成为了决定法兰西命运的最高主宰者，同时几乎成为了整个欧洲大陆的统治者。

显然，这样的人是绝对不能单纯以年龄进行衡量的。正如上面所提到的，年龄本身并不是衡量一个人取得人生成就的标准，即便是对能力一般的人来说，也是如此。培根说："年轻人也可能老成持重。"因此，我们需要对此进行更加理智的分析与探讨。遗憾的是，很多人都不能将这样的道理运用到实践中去。我们无法判断当代的哪些年轻人是否老成，从而决定他们在什么年龄的时候才是最适合取得成就的。即便出于一个现实的目标，单纯按照年龄本身去进行区分，这本身也是错误的。也许，这样的论述就足够我们去认真反思了。

关于老年的标准到底是什么岁数，这对每个人来说都是不大一样的，因此我们很难去对此进行一个非常准确的衡量，这在很多时候都取决于遗传或是环境方面的因素。比方说，一些人在40岁的时候才开始突然惊恐地意识到，自己原来已经不再年轻了。当然，那时候的他其实不老。他可能正处在中年阶段，但他的确不再年轻了。他的头发颜色开始发生改变了，他的腰围可能渐渐变宽了——而不是身体变得更加强壮了。他会觉得自己再也不像年轻时那么充满能量，也不像年轻时那么耐力十足了。对他来说，年轻时候的梦想可能早已经远去了。如果他能够在记忆里回想起20岁时脑海里的思想，他可能会觉得自己似乎整个人都完全改变了。尽管如此，如果他能够始终坚持自己的兴趣，追随自己的梦想，那么他还是要比很多人幸运许多。至少他在这方面上没有显示出衰老的迹象，因为他的品格在那个时候已经完全成熟了。

一般来说，一个人到了40岁的时候，肯定是要比20岁的时候更加谨慎一些的。我觉得，40岁的人可能在一般情况下都失去了再去学习的动力了，但我可以肯定一点，那就是他们从未失去学习的能力。他们可能再也不愿意勤奋地学习某一门知识了，不愿意进入一个全新的行业里。如果他们能够拥有财富或是取得成功的话，那么这些财富与成功的基础也已经非常牢固了。很多人都会说，按照一般的经验，如果一个人在40岁的时候依然不能富有，那么他这一辈子都不可能富有了。毫无疑问，对于普通人来说，这种说法很有道理；一般来说，对于金钱积累的评说同样适合于对成功的评判，因为实际上对于普通人来说，金钱是成功与否的有形证明。

不过，我们也必须要知道，这并不是说人进入了中年之后就再也不能去做任何有用的工作了——虽然不少的评论家对此会有不同的看法。但是，只要我们翻看人类历史上那些伟大人物的传记，就能够非常清楚这点。当然，我们说一个人到了中年之后，依然没有展现出任何取得成功的可能性，那么他可能永远都无法取得成功，这是事情的一个方面。但是，我们说这些人在过了中年之后取得了人生最辉煌的成就，这又是事情的另一个方面。为了证明后面的这种观点，我们只需要翻看一下我们最熟悉的历史就可以了。如果绝大多数杰出人物都是在他们40岁之前就建立了他们的人生基础,那么几乎没有几个人能够最终完成人生的上层建筑。

但如果我们从起初的角度去看,就会发现这其中存在着许多的例外。因为我们的许多经验都是根据对普通人的观察得来的,因此这必然会与真正的规律存在冲突。要是一个人去编撰那些成功人士的传记,就会发现这些成功人士都是在中年之后取得人生成就的,他们会发现自己面对着许多可怕的对手,因为很多人都是在过了中年之后才真正获得名声与财富的,只有极少数人在步入中年之前取得了成功,成为了人们眼中的人生赢家。

比方说,恺撒,这位举世无双的统治者就是在他年过40的时候才拥有享誉世界的军事才华的。奥利弗·克伦威尔在他43岁投入反对国王的战争时,还是一个新手。布莱克,这位被世人认为是最伟大的海军上将之一的人物,是在50岁之后才第一次踏上海军战舰的。格兰特将军,这位被毛姆森称为"人类历史上最伟大的冲突解决者以及成就最辉煌的将军"的人,在35岁的时候依然还是一名制革工人,虽然他早年也曾接受过军事教育。毛奇,这位德国近代历史上最为杰出的规划者与设计师,要是他在70岁前去世的话,那么世人将永远不会知道他的名字。他第一次获得自己人生机会的时候,几乎是在他70岁之后那一段"让世人倍感怀疑"的时光。

我们可以看到,在这些例子里,因为所处的外部条件不大一样,很多人都能够在中年之后在全新的人生领域里取得辉煌的成功。从某种程度来说,对于哥伦布来说也是如此。他在56岁的时候才开始人生第一次值得回忆的出航,而麦哲伦在越过以他的名字命名的海峡,完成环游世界的梦想时,已经50岁了。哥伦布要是能够得到足够的经费支持,就能提前10多年开始这样的航行。麦哲伦要是没有哥伦布发现新大陆所带来的探索动机,估计也不会出发环游世界。但是,这些例子都充分说明了,人过中年之后,是否能够取得成就,在很大程度上依然取决于我们个人的意愿。

约翰·弥尔顿曾担任奥利弗·克伦威尔的私人秘书与政治参谋,在他47岁的时候决定创作一部史诗作品。10年之后,他创作出了《失乐园》。理查德森,这位被称为英语小说之父的人物,也是在他50岁的时候才将目光转移到小说创作上来的。司各特在晚年才将精力从诗歌转移到散文创作上来,结果立即成为这个全新领域的大师。亚当·斯密,这位道德哲学的教授,辞掉了教职,将精力专注于研究经济问题。在经过10年的研究后,在53岁那年,他出版了《国富论》一书,该书的理论成为了现代政治经济的基础。斯密在书中谈到的经济制度进一步完善了弗朗斯瓦·魁奈《经济表》里面的内容。魁奈是一位法国的医学教授,也是国王路易十五的私人医生,他在62岁的时候出版了这本书,这已经是他辞掉医学教授一职9年后的事情了。与此类似的,卢梭的作品《社会契约论》被誉为"现代民主的圣经",同样也是他在心智完全成熟之后的作品,出版这本书的时候,他也已经50岁了。

法拉第在人过中年之后才将精力专注于电力学方面的研究,但他在这个领域所做的实验却为电力学打下了牢固的基础。艺术家莫尔斯是在他36岁那年才对电力学感兴趣的。当他发现电报的可行性,并且加以证明的时候,已经50岁了。詹姆斯·瓦特也是在50岁的时候才改良了蒸汽机，提高了火车的商业运输价值。富尔顿在40岁之后才让人类第一艘蒸汽船在哈德逊河面上航行。史蒂芬森在50岁的时候，才让"火箭号"引擎给自己带来名声。但是，所有这些发明家都在他们之前的人生岁月里不断提升了自己的技能。要是他们没有坚忍不拔的精神以及持久的热情，那么他们将无法取得最后的成功。正是这样的一种坚忍不拔的精神让哈维在50岁的时候发现了血液的循环系统，让詹纳在47岁的时候发现了接种疫苗能有效地预防天花。

这些实践领域的例子可能与理论领域的例子处于一种平行状态。因此，亚里士多德的很多流传至今的理论作品都是他在50岁之后创作的。哥白尼在他57岁那年才完成了关于太阳系的革命性理论。培根在59岁的时候发表了《新工具》一书，从而为他赢得"归纳法哲学之父"的头衔。牛顿在他47岁的时候完成了《自然哲学的数学原理》一书，证明他依然具有旺盛的人生精力。康德在他56岁的时候出版了第一版的《纯粹理性批判》，在他62岁的时候出版了该书的修订版本，让他的很多门徒与评论家感到无比吃惊。拉瓦锡在他46岁的时候，彻底地改变了化学的研究方法，从而为现代化学奠定了基础。道尔顿在他41岁的时候提出了原子理论。达尔文在他50岁的时候，才出版了《物种起源》，彻底改变了19世纪的思想浪潮。

上面这些例子似乎能够充分证明，很多人在他们50岁乃至60岁的时候依然具有旺盛的创造力。但我们不能单纯停留在这点上。很多人的一生似乎都无暇考虑时间的流逝，始终能够以高效的状态进行工作。古希腊的三位伟大的悲剧作家，埃斯库罗斯、索福克勒斯、欧里庇得斯，都是在他们年过70岁之后依然保持着极为旺盛的精力。索福克勒斯在他将近 80 岁的时候，创作出了《伊底帕斯在科罗诺斯》——他人生中最伟大的作品。苏格拉底在他 70 岁的时候，似乎才刚好处在他人生最巅峰的时期。柏拉图直到他 80 岁去世之前，依然在他著名的学院里进行讲解，并且创作出了《共和国》与《蒂迈欧篇》，还有尚未完成的《克里迪亚斯》，据说，这本书是他在人生的最后时光里创作的。希罗多德在他 60 岁的时候才完成了历史著作。修昔底德在他 75 岁去世的时候，留下了尚未完稿的《伯罗奔尼撒战争》一书。塔西佗，这位罗马帝国时代最伟大的历史学家，在 70 岁的时候依然创作出了许多经典作品。

在我们这个世界上，有不少人在年过 70 岁之后依然保持着旺盛的精力。若是我们翻开历史，就能够看到历史上很多杰出人物在他们年过 70 岁之后依然能创作出伟大的作品。歌德，这位德国文学史上占据重要地位的人物，就是在他 81 岁生日那天完成了他的巨著《浮士德》。亚历山大·冯·洪堡在他人生最后 17 年里，完成了《宇宙学》一书，完成时他已经将近 93 岁了。这本书凝聚了他一生的研究与知识，因为涉及的范围非常广泛，所以他在年近 80 岁的时候才开始动笔，直到自己人生的最后时刻。这些例子都充分说明了，很多杰出人物都是在他们晚年的时候才完成人生最伟大的作品的。

还有其他一些始终保持充沛精力的人，他们在人生晚年的时候依然实现了伟大的成就，可能不少读者朋友会忘记了他们的名字。这些人有格拉斯通、俾斯麦、毛奇、丁尼生、赫伯特·斯宾塞以及西奥多·毛姆森。

我们还可以列举很多这样的例子。但我们需要清楚一点，那就是一个人在他晚年的时候，不一定会出现思想僵化的情况，相反他们可能更接地气，依然能够追随着最新的思想。苍白的头发并不一定就代表着我们的心智能力出现了严重的衰退。

上面的这些例子几乎能够回答我们一开始提出的问题。这些例子似乎已经足以表明，人类身体机能的本质并不会阻止我们去做想要去做的事情，也并不会因为年老而损害我们去做这些事情的能力，因为每一个人所具有的潜能都超乎自己的想象。可以肯定的是，你的人生并不一定因为你没有在40岁的时候取得大的成功而显得黯淡无光，只要你具有坚忍不拔的精神以及无所畏惧的勇气，那么你始终能够通过自身的行动向世人证明自己的能力与才华。

只有当你追随着错误的理想，沿着错误的人生方向前进时，你可能才无法释放出自己的人生才华。如果你有机会重新开始，那么你就能从过往的错误中得到教训，更好地前进。过往的经验能够给你带来许多帮助与教训，让你避免犯相同的错误，避免去做过去做过的一些错误事情。当你拥有了成熟的心灵判断能力时，你就能更好地与年轻人进行竞争。你所付出的努力会让你更加接近自己的目标。你可能在四五十岁的时候要比20岁的时候更能够接近自己的梦想，更接近实现自己的人生愿望。

但是，你面临的最大的人生危险，就是你允许自己的思想变得僵硬古板起来，失去了往日的热情。在这种情况下，你必然会发现自己处于一种劣势状态，你肯定会觉得再也无法与年轻人去进行激烈的竞争了。要是你失去了哲学家所称的"魔石"——兴趣，就会发现自己陷入一个越来越狭隘的圈子，无法学习任何新颖的知识，忘记了该如何前进，忘记了自己一开始的梦想。若你摆脱了这样的思想困境，就能够迅速地超越其他人，在人生这场漫长的赛跑中先拔头筹。假如你拥有了某些方面的自然天赋，取得了一些进步，那么这可能还是与你的想象力、接受能力以及充满活力的能量相关的——换言之，这能保证你对人生有一种全新的思考并拥有开放的心智。

要想保持这种全新的思考方式，一个最好的方法就是通过自我教育去实现。那些最终取得了良好结果的人都在某种程度上解决了他们之前碰到的许多问题，再也不去追寻什么人生的万能药。他们内心燃烧着永恒的火焰，这是庞塞·德莱昂在漫长的人生旅途中都无法找到的。无论你是在家中还是其他地方，你都能找到这种持久的——即便不是永恒的——青春源泉。

但是，话又说回来，这种类似于"炼金术"的奇迹是怎么产生的呢？事实上，这必然需要你付出英雄般的努力。你必须要持续不断地坚守自己的心智堡垒，让你的身体远离各种有害的感官刺激，不要让你的身体堆积脂肪，不要让各种药物伤害了你身体原本强大的免疫系统，不要让各种过犹不及的行为伤害你的身体机能。你要持续不断地积极锻炼身体，让自己的身体始终处于一种自由与活跃的状态，而不是放任自己处于一种懒散的惰性之中。你必须要时常挑战自己的心智，敢于从事新鲜的事物，每天、每周或是每年都要接受全新的思想与事物。这样的心灵习惯能够帮助你建立起全新的行为习惯，让你能够更好地适应全新的环境。

塞内加曾按照毕达哥拉斯提出的方法，在一天行将结束的时候，审视一下自己这一天的所作所为，从而获得全新的智慧，为更好地迎接明天做好准备。与此类似,为了实现你的目标,你同样需要每天用睿智的方式去挑战自己的心智,在晚上的时候反思自己这一天的行为,思考哪些思想是你在早上所没有想到的。你可以拓展这样的过程,在每一周行将结束的时候进行这样的自我总结,让自己的思想能够感知全新的事实,更好地提升自己的人生。在新年、你的生日、结婚纪念日等重要的日子里,你也需要对过去发生的事情进行一番总结,不要单纯沉湎于过去的事情,才能够更好地面对未来。

在每次总结之后,你没有必要担心自己依然需要牢牢抓住一些适用的道理,但如果你发现自己没有得到发展,就需要去找寻全新的挑战,因为这个世界并不会因为你的停滞而处于一种停滞状态。

在这个持久的自我更新过程中,你的心智可以通过专注于某些具体的任务,帮助你做出全新的努力。比方说,你可以时不时去学习一门全新的语言,了解这些语言所具有的各种全新的语法形态,熟悉一些你之前感到陌生的单词。朱塞佩·梅佐凡蒂,这位梵蒂冈波罗格那大学的著名图书管理员,据说在他36岁的时候就已经掌握了18门语言,在他去世的时候,已经掌握了58门语言。他能够流畅地阅读并且书写这些语言。他活到了73岁,几乎是在他人生最后的40年里,每年掌握了一门外语。

我并不是说,那些具有一般语言天赋的人能够复制像他这样的纪录。要想实现这样的壮举,大脑的能力以及双耳的听力都是需要天赋的,就像其他纯粹的天才一样,他们几乎都不会以胜过老师作为目标。即便如此,朱塞佩的例子还是鼓舞人心的。如果朱塞佩能够在人到中年的时候掌握40门外语,那么你至少能够掌握5~6门外语,即便你本身的语言天赋不是很高，其实也是能够做到的。如果你不能将自己的心智能力专注于某一方面或是某项工作的话，那么你就是放任自己的心智能力在慢慢地退化，你也将会失去自己把握永恒青春秘密的能力。

如果说学习语言这方面的事情并不能激起你的兴趣，就让我们看看其他方面的心智活动吧，这些心智活动同样能够给我们带来相似的刺激——比方说一些全新的科学思想或是实验，文学领域的创新或是哲学层面的深入调查，等等。你只需要确保这些事情是需要付出全新的心智努力，而不是重复着你过去怀揣的一些观点就可以了。当你对这些全新的研究逐渐缺乏热情的时候，那么你就更需要去做这样的事情。你要努力鞭策自己的心智，直到它能够激发出全新的能量。你要摆脱之前的懒惰，将自己从沉睡中唤醒。你要大声呼喊，勇敢地前行。

如果你能够做到的话，就必然会怀着全新的决心勇敢地前进，那么在你看来，这个世界并不存在什么年轻与年老的区别，当你能够在一种合理的范围内去做让自己充满激情的事情时，就必然能够找到年轻的秘密。就像许多天赋超群或是受到上天宠爱的人那样，你同样能够在50岁、60岁或是70岁的时候保持着年轻的心态，你依然可以每天激励着自己前进，不断去进取，感受着取得每一份成就所带来的喜悦。你肯定会在某一天离开这个世界，因为历史上所有追求着永恒青春的人最后都会离开这个世界。但你必须要在正常的范围之内，不断提升自己的能力，避免各种不良的习惯让你未老先衰。其实，你可以彻底远离年老一词所具有的负面影响。

衡量一个人生命的标准,是看他是否活得有价值,而不是看他活了多久。

——普鲁塔克

优秀的人懂得延长自己的生命,因为重温美好的过去,就等于活了第二次。

——马修尔

第十一章　金钱与理想的对比

你不可能因为一个人拥有很多物质财富，就将他称为一个快乐之人。那些懂得如何善用上帝赐予的天赋，知道如何忍受物质匮乏带来的痛苦的人，才能真正称得上是幸福之人。

——贺拉斯

成为富有之人，这是一张通向杰作以及成为国家杰出人物的入场券。

——爱默生

每个人都是消费者，所以理应成为一个生产者。如果一个人不能偿还自己亏欠给世界的东西，为这个世界增添一些价值的话，那么他就无法实现自己真正的价值。

——爱默生

在这种情况下，人们面临着两个敌人——财富与贫穷。其中一个敌人会用奢华的生活腐化我们的灵魂，而另一个敌人则会通过它带来的痛苦让人处于一种不知廉耻的状态。

——柏拉图

有一个重要问题是每一个胸怀大志的年轻人在人生早期都应该回答的,对这个问题的回答会决定着他们的未来。这个问题就是:为了赚到金钱,人生的理想可以忽视吗?或是我们必须要为了金钱而忽视智慧层面上的生活吗?

很少有其他问题能像这个问题一样,让人们有如此多的探讨或是举出各种不同的例子去证明自己的观点。我们在金钱的错误引诱之下,可以非常轻松地用长篇大论去阐述金钱的重要性。但是,我还是觉得下面要谈到的两个引言比较打动我,这两个引言是从相同的方面去阐述这个问题的。其中一个简洁的引言原文是希腊语的,另一个引言则更加详细一些,但这两个引言都说明了相同的道理。我之所以更愿意列举这两个引言,就是因为其中一个引言是两千多年前的人所说的,另一个引言则是一个半世纪前的人所说的,因此这两个引言能够让我们明白一点,那就是对金钱的崇拜并不是某个时代或世代的人才专有的,从而可以反驳一些人对此的愚蠢看法。事实上,只要我们随意地对此进行一番搜索,就会发现这样的精神在人类历史上是相当普遍的。

我们的这一句希腊语引言可以在《希腊选集》里找到,这句话的作者据说是赛奥格尼斯,很多人对此还是存在疑问的。他的这句话是相当简短且高度概括的。

金钱会让世人为之疯狂。

我们的另一句引言则来自约翰·乔廷在《杂录》里的一段话，乔廷是英国一位教会历史学家与评论家，生于1689年，卒于1770年。虽然他的这段引言是比较长的，但却对当下很多人提出的疑问给予了回答。因为幸福这个话题本身就是一个非常直接的主题，所以我们可以借助这样的机会进行详细的阐述。

乔廷说：

我们该去哪里找寻幸福呢？她会躲藏在哪里呢？幸福是一位谦卑的隐士，很少有人能在这个忙碌而具有礼貌的世界里找到她。在所有的虚荣与邪恶背后，所罗门能在太阳底下看到她。因此，我们还是有机会去找寻到她的。每当幸福出现的时候，富足的生活就变成了一件危险的事情，很少人能够有足够强大的心智能量去面对财富带来的巨大冲击。一夜之间从卑微的身份中提升起来，有时这能够展现出我们具有能力的美德，但这其实是无法保证的。因为这可能会将我们灵魂的每一个角落都暴露出来。而在我们贫穷的时候，这些可怕的阴暗面可能会潜伏起来，被我们完美地掩饰起来。

一个诚实且具有理智的人若是处在中等地位，所处的环境相对富足，不至于过上物质匮乏的生活，那么他就拥有了各种必要的条件，去感受到人生的美好。他需要凭借自己的谨慎、学习以及勤奋去实现这个目标。如果他想要通过伤害自己的良心或身体的方式去赚取更多的金钱，那么他是不可能找到幸福的。他可能拥有许多朋友，认识很多与他一样有地位的人，他可能得到过他们的帮助，同时也给予了别人一些帮助。他拥有属于自己的事业，还有很多业余爱好，能够过上一种简单、节俭与纯真的生活，能够感受到生活中点滴的乐趣。突然之间，他在教会或国家里的地位变得非常高。现在，他获得了很多财富，就会对自己说："过去物质匮乏的日子已经过去了，富足的日子就要到来了，我就要能感受到幸福了。"错了，世界上并没有这样的事情。现在的他可能再也无法感受到之前所感受到的幸福时光了。他可能会远离之前的朋友，或是以一种骄傲、疏远或是冷漠的态度去面对这些朋友。友好、自由且开放的交流，理性的提问，真诚、知足简单的生活乐趣可能再也无法被感受到了。他现在会结交一些全新的朋友，产生了一些全新的欲望，有了许多全新的烦恼，每天要花很多时间去思考一些事情。他再也没有时间去提升自己的心灵或是认知能力了。他胸怀大志，每天都处于一种焦躁不安的状态，最后在富有中去世。

乔廷在上面所提到的例子是从生活中凝练出来的，没有人会怀疑这点。我们中绝大多数人都能够从前辈那里得到这样的简单经验。这样的生活给我们带来的教训就是，我们需要对这些人的人生结局进行深入思考，从而得到一种警示。在我们十分具体明确地指出其中的教训之前，首先就要长时间地思考这个问题的另一面。既然谈到了这个方面，让我引用另一句话。这句话与我们第一句引言一样，都是来自《希腊选集》里的智慧之言。

这句话的作者是巴拉达斯，他就曾用这句话去规劝那些盲目追求金钱的人。

  哦，金钱，谄媚者的父亲，痛苦与烦恼的儿子，拥有你是一种恐惧，没有你则是一种悲伤。

  正是这句话的最后一点值得我们思考，"没有你则是一种悲伤"——如果金钱代表着一种邪恶的话，那么追求金钱就是一种邪恶的行为。你的理想也将出现方向性的错误。但是，在这个现实世界里，我们并不能彻底否定金钱的重要性。

  在这里，我需要指出，这是人类普遍都有的经验。上面那句话的思想是存在相互矛盾的，但这样的矛盾之处却也同时代表着一个事实。正如乔廷所说的，我们的财神并不十分帅气，但若是我们身在绝对意义上的物质匮乏状态，难道我们不会轻易地追随财神的脚步吗？对世人来说，一下子拥有太多的金钱可能会让他们变得疯狂起来，但难道人类的理智就是贫穷的生活的产物吗？至少，许多具有雄心壮志的富豪都没有比那些想要努力为自己亲爱的人提供一日三餐的人更加幸福。因此，理智的判断并不能完全对此给予肯定。

  因此，我们必须要思考"金钱是谄媚者的父亲，痛苦与烦恼的儿子"这句话的意思，不管我们对此持有怎样一种鄙夷的态度。无论我们在年轻时对金钱的诱惑多么不看重，我们都可能觉得自己身处的人生阶段是非常需要金钱的。

  我可以非常清晰地回忆起在自己年轻的时候，很多成功商人所说的一些愤世嫉俗的话语给我带来的影响，这些商人一心想着追求金钱，并在这个过程中扭曲了自己的心智，丧失了之前很多的人生兴趣，失去了深刻的洞察力以及正常的理智。他们会说："小伙子们，你们要得到那些真正了解世界的人给予的建议。你们迟早会像我这样感受到金钱所具有的价值。任何一个人只有得到了财富之后，才能够摆脱他人的嘲笑。"

我曾选择不去相信这位愤世嫉俗之人的话语。我不愿意承认自己其实现在是认同他的这段话的。但我觉得，当一个人对历史有了更加深刻的认知时，他对人类的认知就会更加圆满与成熟，那么他就会更愿意承认这样一些可能不受世人欢迎的话语所具有的真实性。

也许，最糟糕的情况就是，我们可能宁可对这些不大全面的话语进行解读，也不愿意对那位愤世嫉俗之人的话语进行深入的研究。毕竟，金钱只是一种象征而已。即使我们拥有一座金山的财富，倘若生活在一个荒无人烟的地方，那么这些金钱对我们来说也是毫无意义的。但在我们的文明社会里，金钱可能代表着很多人们想要的东西，能够给我们的感官带来即时的满足。可以说，金钱除了能带给我们物质需要的食物之外，还能够给我们带来许多心灵与精神层面上的满足，但这也不过是金钱所能带来的一种可能性而已。金钱的重要性也的确是我们每个人都不能去否定的。因此金钱是每个理智的人都想要追寻的东西。

这就是很多理想主义的梦想者在金钱这个问题上被世人嘲笑的一个重要原因。这也是很多原本踌躇满志的年轻人没有按照自身意愿做出选择，而是表现出自相矛盾的原因。他们会兴奋地说："在金钱与理想之间，我选择了理想。每个人都会选择理想，不过，这样的理想显然是与金钱存在着密切联系的，我们最终得到的结果能够直接或间接增强我们的购买力。"

我们必须要坦诚地承认一点，那就是在现实世界里，很多具有现实影响的成功都与幸福存在着本质的联系。那些贫穷却胸怀大志的人一般都会首先追求物质上的财富。有时，饥饿会激励着狂热者不断前进，但是天才们更为理智的创造都是绝对不可能在饥饿的状态下完成的。古希腊的迪昂·哈利卡尔纳索斯就是最好的证明。任何一个具有深刻思想的人都必然会赞同，要想有所成就，必须要满足日常的基本生活需求。

另外，我们可以肯定的是，世界上任何具有创造性价值的发明或是发现，都绝对不是那些敷衍工作的人所完成的。即便他们原本有能力将工作做好，但他们可能却没有足够的金钱作为支撑，不得不盲目地追求所谓的速度，从而降低了工作的质量。

一般来说，我们都会倾向于认为天才都是在阁楼的饥饿生活环境下完成伟大发明的。但在现实世界里，那些最伟大的天才通常都是与他们在现实中取得成就的能力紧密联系在一起的。莎士比亚用他的笔杆子为自己赢得了财富，虽然他所处的那个时代靠笔杆子赚钱还是不大容易的。弥尔顿是当时英国最权威的统治者的私人秘书与拥护者。但丁对他所在时代的政治事务非常感兴趣，这一点我们稍微浏览一下《神曲》这本书就可以知道。马基雅维利、培根、莱昂纳多·达·芬奇以及牛顿等人都是王室的参谋。在更遥远的时代，亚里士多德与两位普林尼，乃至我们当代的格拉斯通与俾斯麦都是如此。伏尔泰曾短暂地放下文学创作，努力经商赚钱，从而向世人证明赚钱并不是一件很困难的事情。格洛特与施里曼是在通过经商实现了财富自由之后才开始进行创作的。而维多利亚时代最著名的歌手也曾以简朴的生活而著称,因为成名前他也必须要靠制作器具来维持生活。

现在很多虚伪之人所说的话语都已经变成一种流行语了,说继承财富就代表着一种不幸。毋庸置疑,有时,对那些缺乏人生动力的年轻人来说,若是他们一下子继承了许多财富,这必然会让他们丧失人生的奋斗愿望。但我们也需要注意,继承财富并不能阻挡那些天才释放他们自身的能量。这类天才的名单是非常长的——从古希腊的柏拉图到吉本、拜伦、达尔文、布朗宁、罗斯金以及丁尼生等人——这些天才人物都生在富裕的家庭,但他们从未想过单纯过上一种物质充裕的生活。因此,谁能够说拥有财富会影响这些人实现了最高意义上的成就呢?

胸怀大志的梦想者们,你们不要被那些过着奢侈生活的人的嘲笑所吓倒。你们要以适当的眼光去看待金钱的重要性,同时坚守自己的人生理念,让金钱成为你的仆人,不能让自己成为金钱的奴隶。这其中就蕴藏着很重要的一点:你始终都必须要记住,获取财富只是实现目标的一种手段,其本身并非一个目标。你要牢牢地抓住自己的人生理想,即便是在你努力追求一些现实目标的时候。如果你想要实现自己内心宏大的心愿,那么你就会找到满足这些愿望的方式。事实上,你想要摆脱当前的烦恼与负累,这反过来会督促你要认真工作,心怀谨慎,让你远离任何一种对金钱的盲目崇拜。如果你始终能够保持自己的理想,那么你就能在休闲时间里认识到这样做的重要性。当你这样做的时候，你就能将自己的另一种本性挖掘出来，从而让你摆脱金钱所带来的各种限制。你将会避免对物质的盲目追求取代你对人生的重要追求。当你最终对金钱有了一种合理的看法时，就能够在工作之余感受到自由的人生。

第十二章　职业与业余爱好的对比

> 人类的幸福……是由三个部分组成的——行动、愉悦以及懒散。虽然对不同的人来说，这三个部分是应该按照不同的比例混合起来的，但若是一个人缺乏其中任何一个部分，都必然会影响到整个人的幸福。
>
> ——大卫·休谟

> 我倾向于认为，只要事情能够给我们带来真切的乐趣，并且不会给我们带来任何不良的后果，那么这样的事情就是好的。而那些会给我们带来痛苦的事情，则是不好的。
>
> ——柏拉图

我们应怀着乐观主义精神去思考业余时间，因为这能够更好地提升你的人生。但是，我们也绝对不能忽视这样一个事实，那就是理想状态下的财富独立可能永远都是无法实现的。无论你多么努力，在当下的经济状况下，你可能永远都无法积累足够的财富，让你在退休之后能够颐养天年。至少，绝大多数人都无法实现这个目标，这的确是让人感到遗憾的。但是，你可以充分利用工作之外的时间去从事一些业余爱好，让自己得到更大的好处。只是专注于工作，不去参加任何娱乐活动，这可能会让我们成为一个无趣沉闷的人。你的大脑就像是机器一样，需要充分的休息时间，才能从一天疲惫的工作中解脱出来。你需要改变自己的一些工作状态——让自己换一种思考方式，或是参加一些游戏活动——这对于你重新恢复心智的能量具有神奇的作用，更别说这样做会给你带来直接的精神愉悦。充分享受业余爱好带给你的快乐，这就好比给我们整天处于焦虑状态的大脑开了一剂良方。

诚然，这样的业余活动可能帮助我们消除目前遇到的一些问题，但这无法帮助我们预防未来可能会遇到的问题。如果这能够让你的双脚稳稳地踩在今天的土地上，那么这可能会让你无法勇敢地跨越明天的桥梁，更好地实现人生的进步。因此，你有很多合理的理由要求自己培养一些积极良好的业余爱好，更好地满足个人平常的身心需求。每个星期或是每一年，你都需要让自己得到充分的心智锻炼，获得更多的心灵自由。最终，你会发现原来自己能够获得这么多的自由时间。你将能够更为充分地感受到人生的圆满状态——这也是我们表达个人幸福情感的另一种方式。那些对自身工作之外的事情都提不起兴趣的人，很容易养成一种自我怜悯或是懒散的个性。即便这样的人可能取得了很大的个人成就，但我们还是觉得若是他能够积极拓展自己的人生视野，那么他所能够获得的乐趣将会增加许多。这些人缺乏生活所带来的各种积极乐趣，就好比他们每天都吃着相同的饭菜一样。

在这方面，你可能不会模仿这些人的行为，即便让你因此获得成功的奖赏，你可能也不会愿意这样做。因为，你会从这些人扭曲的个性中得到深刻的警告。如果你在休闲时间里没有任何能够给你带来快乐的事情可以去做的话，那么你就应该选择一个业余爱好。如果你掌握了工作的艺术，那么你同样应该掌握娱乐的艺术。娱乐是你人生幸福的一个元素，可以说选择一种业余爱好的重要性，其实与选择一份正确工作的重要性是差不多的。

至于这些业余爱好具有怎样的质量，这只有你的个人品位、机会或是需求等方面的因素才能够决定。如果你对调查研究拥有着很强烈的追求，那么你当然可以选择这个方向的个人追求。或者说，如果你觉得自己是一个普通人，那么即便你拥有多种业余爱好，这也是无伤大雅的，只要这些业余爱好能够给你带来持久的乐趣与快乐就可以了。还有一点是我们需要注意的，我们的业余爱好最好不要与我们的工作存在太多的相似之处。

如果你的工作需要你养成久坐习惯的话，那么你的思想就会很自然地告诉你，你的爱好应该与户外活动相关，它能够给你的身体带来锻炼。狩猎、钓鱼、骑车、划艇、驾车兜风，这些业余爱好可能会进入你的心灵。还有诸如网球或是高尔夫球等体育运动项目都是你可以选择的。所有这些业余活动都有助于我们的身体与心智的健康发展。即便是对于那些不怎么思考的人来说，时常参加这些活动，也能够给他们带来相应的乐趣。对很多中年人来说，要想很好地利用休闲时间，那么他们就应该尽可能始终对这些业余爱好充满兴趣，坚持从年轻时一直培养起来的业余爱好。

除此之外，还有不少人对体育锻炼缺乏兴趣，这些人对任何形式的体育锻炼或是竞赛都提不起任何兴趣。很多拥有最伟大心智的人都是身体上很懒惰的人，即便他们拥有着良好的体魄，也不愿意参加这些体育活动。亚伯拉罕·林肯就是这样的一个人。林肯曾说自己是这个世界上最懒惰的人。在林肯这个例子里，若是从生理学的观点进行分析的话，林肯的大脑可能天生就要进行更高强度的心智锻炼，从而取代了运动中枢所发挥的作用。

但是，不管我们找怎样的理由，还是需要记住一点，那就是我们应该在选择业余爱好的时候进行一番思考。对很多人来说，没有什么事情比身体层面上的锻炼更能够让他们感受到一种业余爱好所带来的各种好处了。

不过，幸运的是，我们并不缺乏其他可以选择的业余爱好。比方说，机械领域就能给我们带来许多研究的机会，而这样的研究会给我们带来持久的兴趣。任何想在物理实验里进行研究的人，都会发现，只需要将物理仪器通上电流，就能够利用这些简单的仪器去发现无限的可能性。一个化学实验室同样能够给我们带来这样的乐趣，甚至有可能会给我们带来一些意外的惊喜。氧气的发现者普里斯特利博士就是用一根老旧的枪管进行了多次的实验才发现这种化学物质的。他的职业是一位教堂牧师，只是利用业余时间进行科学研究，但是世人最后却只记住了他是人类科学史上最重要的人物之一。可以肯定的是，他在18世纪所使用的实验仪器与今天的研究人员所使用的研究仪器不能相提并论。但是，我们依然还是能够购买一些廉价的小仪器来满足我们自身的一些研究兴趣。

对一些人来说，对光学领域的研究，也对他们充满着诱惑。我认识一位印刷行业的人,他借助分光镜,将自己的业余时间都投入到对气体以及其他物质的研究之上,并在接下来的实验里找到了人生中全新的热情。还有一些人对显微镜产生了浓厚的兴趣,他们觉得显微镜能够帮助人类看到一个肉眼无法看到的未知世界,并对此产生了浓厚而持续的兴趣。或者说,如果你拥有了一个小型天文望远镜,那么你可能就会在业余时间里研究宇宙的星群,挖掘让人类困惑了许久的未知世界。

在其他的领域里,你同样能够成为一位发现全新事物的探索者——很多原本不知名的研究者都利用自己的业余时间进行研究,最后得到了一些惊人的发现。赫歇尔在他还是一位音乐老师的时候,利用业余时间发现了天王星,震惊了整个世界。奥尔勃斯,这位天文学领域的另一位杰出人物,一生都在利用业余时间进行天文研究。他的职业是医生,与很多从事科学研究的业余爱好者一样,他是通过观察得出一些发现的。诸如这样的例子还有很多:布莱克利用业余时间成为了一名化学家,赫顿用业余时间成为了一名地理学家,神奇的托马斯·杨以及达尔文等人,都是充分利用业余时间在另一个领域取得辉煌成就的代表人物。迈尔最后竟然成为了发现能量守恒定律的人。莱迪成为了美国的古生物学家,赫胥黎成为了进化论的著名支持者。所有这些例子——还有很多这样的例子——都充分说明,很多人在将医学当成谋生的职业时,都利用业余时间得出了许多重要的科学发现。

我们也并不一定要将这样的领域局限在科学方面。奥利弗·戈德史密斯、托马斯·斯莫里特、福雷德克、席勒,这些都是原本从事医学研究的人,让·阿斯特吕克原本是路易十四国王的私人医生,但他却发表了《圣经的高等批判》，为现代人运用现代的方法进行思考打下了基础。

这样的例子充分说明了一点，那就是我们的业余爱好可能与日常的工作相差甚远。其中不少的例子都说明，很多人在业余爱好中取得的成就要比他们在正式工作中的成就更高。我们也很难反驳这样的事实，即一些人可能在追随全新宗教理念的时候展现了更多的能力。我一直坚持这样的观点，那就是我们所选择的业余爱好要能够为我们正式的工作提供持久的帮助，让我们始终对这份工作充满兴趣与热情。这就是为什么之前几个段落所提到的各种娱乐以及消遣活动本身并不能让人们感到愉悦的原因。

但是，我们绝对不能轻视诸如走路、骑车、开车兜风或是打高尔夫球等休闲活动所带来的好处。狩猎或是钓鱼等体育活动最好与一些自然研究方面的学科联系起来——如植物学、动物学、鸟类学、地理学等学科，若是将业余活动与这些学科的研究结合起来，必然能够给我们带来全新的感受。但在这样的情况下，原来的体育活动可能就会在你的兴趣中处于一种次要的地位，因为你的热情可能会专注于记录鸟类笔记，或是对一朵尚未被世人了解的花朵或是某些神奇的岩石进行分析，最后这将有助于你对自然界里最高级的生物——人类本身——进行研究提供各种条件。研究动物学可能会被证明是我们研究人类学与社会学的重要途径。对那些认真严谨且富有逻辑精神的学生来说，研究这些领域是最好不过的了。因为这些人可以在对自然的研究中得到更多的生物学方面的训练。

但是，你个人先天的追求可能与科学层面的研究完全不相关，对科学的研究可能根本无法提起你的兴趣。在这种情况下，艺术领域的事情可能就会吸引你的注意力。也许，你对绘画充满兴趣？如果是这样的话，你可以利用业余时间进行绘画方面的训练，掌握一些绘画的技巧。因为对这些人来说，没有什么事比看到一张白纸或帆布上逐渐出现全新的物体形状更能够给他们带来内心的兴奋之情了。也没有什么事比绘画更能给我们带来一种创造的感觉——当然，前提是我们创作的画作具有足够的艺术性。

但是，如果你缺乏艺术方面的眼光或天赋，学不会艺术家们所掌握的艺术创作技巧，怎么办？如果是这样的话，你也不需要有任何的恐惧之情，因为只要你对任何话题感兴趣的话，都是可以参与进去的。人们经常会说，任何掌握了书写的人都能够掌握绘画。我说过，人类书写的历史其实就是人类表达事实的一个过程。在远古时代，人类只能够通过描绘出一些图画去表达自己的意思，或是用一连串的符号去表达一些思想。这种用图画去表达意思的方式可以在尤卡坦半岛的玛雅人遗迹以及古埃及时代的象形文字里得到体现。我们并不能说这些图画的创造者缺乏任何绘画的技能。而现代的作家在创作的时候不会感受到那么多的困难，因为现在写作已经变成了每个人都能掌握的一种技能。事实上，每个孩子在学会文字的含义之前就学会写这些文字了。如果这些孩子都懂得如何去书写文字，那么只要付出一定的努力，他们必然能够画出任何想要画出的物体。

当然，这并不是说每个人都应该非常擅长绘画。但从另一方面来看，我们会惊讶地发现，在绘画班里，不知道有多少学生都已经掌握了同等的绘画能力。在艺术学习里，几乎每一位学生都是某个艺术领域的优秀人才。当然，也并不是每个人都能非常从容地做到这点，但是他们最终还是通过不懈的坚持与努力掌握了这样的熟练程度。看到很多学生在帆布前思考，在每一英尺的帆布上展现出高超的绘画技能，然后在巴黎的画廊中展出，这是相当让人震惊的。在十位艺术家当中，可能只有一位艺术家能够找到真正的艺术灵感，甚至在这十位艺术家当中，没有一个人能够将自己的艺术理念传播给世人，可能也没有一位艺术家能够描绘出一幅能够让人印象深刻的画作。十有八九的艺术家都是按照自己熟练的手法进行创作的，而不是听从自己内心的召唤。虽然他们掌握了让人信服的绘画技巧，但是缺乏灵魂的画作却无法振奋人心。

如果你认为绘画能够给你带来快乐，那么你就不应该因为恐惧自己永远都无法掌握这门艺术而拒绝学习它。如果你付出的努力能够得到恰当的指引，并且你能够忠诚地追求这样的目标，那么这能够给你带来之前不敢想象的美好结果。如果你最后得到的只是平庸的结果，那么为这个世界增添另一位水平一般的画工，这也不是什么罪过。如果你能够从绘画的过程中感受到人生的乐趣，那么你的主要目标也就实现了。因为我们在此谈论的是一种业余爱好，而不是你的职业。我建议那些缺乏艺术兴趣或是没有天赋的人，都不要将创造艺术视为自己的专业。

在这里，我们没有必要详细地讨论诸如雕刻与音乐等艺术形式。很多人在谈到绘画的时候，都会说"在细节上做必要的修改"的原则同样适用于这两种艺术形式。投身于这两种艺术形式同样能够拓展我们的兴趣，让我们能够在休闲的时候感受到纯粹的快乐。但在这里，我们需要明白一点，那就是长期的努力可以让我们了解更多这方面的细节，为真正熟练掌握这些技能打下基础。

对于那些没有时间、精力或是兴趣去充分掌握这些技能的人，他们还可以将摄影当成业余爱好——摄影可以说一半是艺术，一半是机械的科学，但几乎每个拥有相机的人都想着要将相机的潜能充分挖掘出来。除了摄影单纯所具有的内在价值之外，摄影还是一门技术，可以帮助我们更好地从事其他方面的研究。光谱学家、天文学家以及微生物家都认为，将他们在研究过程中的一些发现记录下来是无比重要的。艺术家们认为用摄影代替素描本去记录转瞬即逝的印象，这实在是太重要了。在认知自然的过程中，摄影具有了无可取代的地位。以前，打猎活动要带着猎枪，现在人们去野外时却会带着相机，因为他们觉得相机能够充分发挥他们的技能，更好地满足他们内心的一些愿望，因为他们能够通过摄影的手段，在不伤害鸟类或是野兽的情况下，留下这些动物的影像，为我们更好地了解这些动物提供了基础。更为重要的是，我们不再需要像之前那样，只有屠杀这些动物，才能够认真地研究它们。

毋庸置疑，这就涉及摄影的多种功能——你再也不需要将自己的业余爱好局限于某一方面。摄影作为我们一种单纯获得乐趣的手段，通常能给我们带来想象不到的好处。当然，你的许多业余爱好可能都只停留在浅层阶段，没有掌握很多的基本技能。但换个角度来看，一种技能往往能够帮助我们获得另一种技能。正如多样的业余爱好能够帮助我们感受到深层次的乐趣。对那些有多种兴趣的人来说，他们很少会为自己的多才多艺而感到后悔。我窃以为，若是他们能够将更多精力集中在某一方面的话，也许能够取得更大的成就。

但是，不管你的业余爱好是比较单一还是多样化，也不管我们在上面提到的各种业余爱好是否让你产生兴趣，你都有机会从自己喜欢的事情中感受到更为直接的乐趣。因为你有机会与自己志同道合的人一起进行交流。每一门具体的学科都会有相关的杂志或报刊，这能够让你与其他人进行间接的交流。不少学科的爱好者都会形成一些俱乐部或是协会，更好地加深彼此的交流。

这意味着一生的友情可能是在与那些志同道合的人的交流过程中形成的。毕竟，没有什么事比与志同道合的朋友进行交流更能给我们带来持久与确定的快乐了。爱默生说："人生最美妙的事情就是交流。"交流意味着相互的兴趣以及共同的知识。比方说，若是我们与那些缺乏共同爱好的人谈论某些术语的话，他们可能会完全不感兴趣。

基于共同兴趣爱好而形成的友情与商业圈子里形成的友情是不同的，因为前者的友情要更加无私与真诚。商业竞争会将人性中肮脏的一面暴露出来，使你对人生原本纯粹的观点蒙上悲观的色彩。人们甚至会怀疑自己的朋友所表现出来的诚实，认为"每个人都是有一个价格的"。从事商业的人都会明白这样一句格言："可以的话，诚实地赚钱，但不管怎样，最后都要赚钱。"如果一个人从没有看到过别人这样做的话，那么他是相当特殊的。他可能至少会变得自私、冷漠或是愤世嫉俗。他必然要对商业圈子里友情的真实性打个问号，因为很多人都是从金钱出发进行考虑的。

但是，因为共同兴趣爱好而结交下的友情则不需要经受这方面的考验。因为这其中不存在任何形式的竞争或是对抗。我们的这些朋友无论在业余爱好方面表现得多好，都不会从我们的口袋里抢走金钱，也不会对我们的正式工作产生任何不良的影响，只会鼓励我们付出更大的努力去工作。

与对金钱的追求可能会将人性中丑恶的一面呈现出来不同，对积极良好的业余爱好的追求会将我们人性中的善意展现出来。那句冷冰冰的话语——"每个人都是有一个价格的"——可能在商界里有其巨大的威力，但在这样的友情世界却是不适用的。因为我们付出的任何诚实的努力都会得到回报。

我们可能会相信一点——或者说绝大多数人都会相信一点——那就是诚实是最好的态度，即便在纯粹的商业投资里，事实也是如此。但是，我们不能忽视一点，那就是一些人通过不正当的手段获得了财富。此外，诚实一词有可能被不同人做出多样化的解释，然后运用到现实的事务当中。有时，我们会发现，一些商业做法可能会被世人或是法律所认同，但若是我们站在抽象的道德高度去进行审视的话，就会发现现在很多获得财富的行为都是经不起考验的。你们会经常发现一个人耸耸肩，然后愤世嫉俗地说："没有比成功更能带来成功的了。"其实，说这些话的人获得财富的方式与手段的正当性都是值得怀疑的。

但是，能够助你事业有成的方法或许并无让人们诟病的地方，可你还是会发现，要获得信赖就必须接受别人的观察和证明；而且这种取得成功的方法也必须是别人能够学会的。我们对这些事情的全新解读必然要从逻辑以及合理性方面出发——假设你的目标是想在艺术领域内取得成功——你的绘画或是雕刻作品都需要证明你付出的努力以及诚实的行为方式。在这里,也没有比成功更能带来成功的方法了,这里不存在任何污点或是值得被人们诟病的地方。

我们还需要注意另外一点。无论我们以多么诚实的方式进行商业竞争,这始终是一种对抗——一场真正意义上的竞争。你所取得的成功无论多么合法,都是以某些竞争力较差或是不幸之人的牺牲为代价的。除非你能够善于管理自己的财富,否则你所拥有的财富可能会成为对人类的一种危害——损害人类的整体幸福感。但是,你在科学领域进行的研究却很少会损害到任何竞争对手的利益。你所取得的成功可能是所有人都会为之欢呼的,这能够帮助别人去完成类似的研究,或是直接增添人类的价值。与此类似,你的艺术作品就其成功的程度来说,也会直接增添人类的幸福感,而不会给任何人带来伤害。因此,你的业余爱好可能还会具有更深层次的价值,虽然你可能只是为了自身的娱乐或是消遣而从事这些事的。但你最后所得到的结果,可能则是完全利他的。

这个结论能够让你明白之前内容的真正含义,那就是善用休闲的时间能够给你带来更多的人生乐趣,增添你的人生价值。

第四部分 幸福的问题之道德层面的问题

第十三章　人生的伴侣

每当我们想要摆脱家庭生活,去寻求人生的幸福时,必然会收获疲倦、失望与愤怒。我们在家里与家人或是朋友一起度过欢乐的时光,比我们在任何地方所感受到的快乐都要更好一些。无论世人口中外部世界的喧嚣与烦恼有多少,当我们体验到了在火炉旁真正的人生欢乐之后,那么外部的一切都会变得可鄙或是索然乏味起来。

——约翰·博伊尔

愉悦本身就代表着一种美好的东西。

——柏拉图

真正完全具有善意的人是很少的,真正具有恶意的人也是很少的,绝大多数人都是处在善与恶之间的。

——柏拉图

有人曾问亚里士多德,我们该怎样去对待朋友。亚里士多德回答说:"我们想要朋友怎么对待我们,就要怎样去对待朋友。"

——第欧根尼·拉尔修

幸福只有在分享之后才会变得完美起来。

——珍·波特

我相信,一般正常人做出要结婚的决定都是明智的,这一点我相信不会有人反对。婚姻的制度可以说是人类文明的基础,也是我们整个社会朝着更高目标前进的一个重要基石。对某些人来说,他们的婚姻关系可能破裂了,忍受着他人的嘲笑,但这也不过是说明了人类还存在着诸多不完美的方面。我们绝对没有对婚姻制度本身有任何的质疑。这就好比我们不能因为某些人的房子建得不牢固,最后将居住在里面的人都砸死了,然后就谴责所有的房子。

但是,如果我们必须要结婚的话,那么什么年龄才是最适合结婚的呢?难道男人要在事业初期,女人要在离开校园之后就立即结婚吗?这样的结婚年龄是否真的很好呢?或者说,我们选择婚姻伴侣的时间要推迟一些,当我们拥有了对世界更多的感悟,拥有了更加成熟的判断之后才进行呢?

这些问题是很难回答的,因为很多人在年轻时都会将婚姻想象成浪漫诗歌里描述的样子,因此他们很难跳出现实的分析限制。但若是我们能够清醒地明白这样一个事实,即自然的历史能够为我们提供许多方面的教训。对处于青春阶段的年轻人来说,异性之间的相互吸引,这是非常正常的,正如小鸟在春季的时候也会出现发情期。要是没有人类文明所设定的许多限制或是要求的话,我们的年轻人很可能就会像那些处于发情期的小鸟那样。但是，这些文明限制的存在就需要我们人类具有比鸟类更加深刻的思想，采取更加谨慎的态度。

我们所谈到的这种限制的发展是有其根源的。归根到底，我们能够从人类的自然历史中得到一个重要的事实，那就是人类的后代需要十多年的成长时间，才能够独立地生活。

这个事实在帮助我们推动文明进步方面所具有的重要性，是我们绝对永远都不能低估的。一个极为重要的事实就是，在所有这些自然的天赋下，我们能够让人类的社会保持一种稳定性。也许，正是这样一种道德与美德的基础才让人类文明发展到了现在的状态。

比方说，若是我们真正考虑一下这个问题所带来的各种影响，就能对此有更加深刻的理解。我们之前谈到，小鸟会在春季进行交配，然后它们很快筑起一个鸟巢，给予刚出生的小鸟5～6周的呵护时间，之后，它们就会与这些小鸟各奔东西。在这样的情况下，无论它们在选择交配对象时是否明智，这样的情况也毕竟只持续六周左右的时间。但是我们那些年轻且缺乏人生经验的青年人很可能会在原始动机的诱惑之下采取这样的行为。但是，我们需要知道，人类并不像那些小鸟，我们需要多年的努力与学习才能够让心智逐渐成熟起来。还有一些年轻人可能会在成年后的2～3年里成家，他们也会承担起为人父母的责任，此时他们的父母也已经不再年轻了，可能已经过了中年——他们的人生旅程已经过了一大半，他们的人生任务可以说接近全部完成了。

在现有的状况下，人类的婚姻变成了一个固定且持久的制度。因此，正常的男女都只能做出一次选择，选择他们认为最适合自己的结婚对象,从而为自己的人生以及后代的幸福打下基础。只要婚姻能够给我们人类带来后代,那么这样一个不可避免的事实就让所有的父母都没有任何选择的余地——那就是对今天的正常男女来说,只要婚姻还被视为正常人人生的一部分,那么这就代表着一辈子的相互责任。事实上,这样的相互责任还关系到他们尚未出生的下一代。显然,任何一个具有理智的正常男女都需要睿智地选择他们的人生伴侣,对此进行认真的考虑,从而做出最适合自己的选择。

但若是从另一方面去看的话,我们也绝对不能忘记一点,那就是我们有可能将这种谨慎的态度带到另一个极端。如果年轻人都在各方面全部准备好之后才准备结婚的话,那么可能就会有其他一些事情阻碍他们结婚,让他们逐渐成为年长的单身者,直到最后失去了感受人生幸福的机会。可以肯定的是,这些不幸之人的例子是每一个年轻男女都应该引以为戒的。

若是我们从当下比较流行的观点去看的话,年轻的男女都具有他们个人的想法,都想要在人生早年实现自己的人生目标,所以他们会想办法到大城市去发展。我举一个具体的例子,一些年轻男女在某些方面或职业上拥有着一些天赋,都倾向于认为过早地结婚会给自己的人生发展带来阻碍。因此,他们不大愿意结婚——我们甚至可以毫不夸张地说,不少年轻男女都根本没有想要结婚的念头——而是选择追求自己的事业,获得更大的成功与名声。除了这些尚未成名的艺术家和那些明日的报业女强人,还有很多想要成为闻名世界的作家与音乐家的年轻男女,几乎都持这样的观点。他们更愿意选择"自由"而不是婚姻的羁绊,从而更好地攀登人生的高峰。他们根本不想被家庭带来的各种烦恼与牵绊所影响。他们的目标就是追求更为"高级的目标"。

那些度过了人生中充满激情时期的人，总会在回想起年轻时的那股冲劲以及热情的时候感到一种内心的震撼。年轻时候的那段时光对他们来说就像一场白日梦，当然，任何一个具有怜悯心的人都不会剥夺每个年轻人去做白日梦的权利，因为正是那些远大的志向给他们带来人生的欢乐。在绝大多数情况下，当他们将年少时期的热情放下之后，才会体验到人生的道路是崎岖不平的。在那个时候，他们可能觉得年少时期血管里流淌的滚烫的血液已经慢慢冷却了，失去了往日的热情与动力，开始聆听别人给予的一些善意的建议。他们可能会嘲笑过去的人生经验，认为一些古老顽固的观点不可能阻挡他们释放自己的天才。

除此之外，这些年轻人通常认为自己应该为婚姻生活提供各种舒适的条件，觉得自己不应该承担婚姻生活的责任以及各种烦恼。他们认为"乡村式的爱情"的思想是陈旧的，认为"一块面包、一杯酒以及你"的生活是无聊沉闷的——为什么呢？他们会想办法给双方提供更为豪华的享受，觉得自己所拥有的东西能够永久持续。

这里所提到的心灵态度会在很多生活在大城市的年轻人身上看到，这是一种奢华生活方式所衍生出来的标准。这样的生活态度曾在古罗马时代达到顶峰。当时奥古斯都皇帝曾颁布一份官方命令，奖励那些结婚生育的人，惩罚那些独身的人。这样的法令似乎是对公众福利的一种伤害，这些法令的支持者——想当然地认为这会让罗马变成一个更好的社会，但却没有能够保持后代的质量。这样的行为将个人的幸福感全部都剥夺了。我们都必须要承认一点，最能够实现目标的途径就在婚姻这种方式当中。正是这样的一种倾向本身才应该得到我们更多的关注，因为随着城市的人口不断增长，我们这个时代的人对婚姻所持的态度也越来越值得思考了。

对于那些已经达到了结婚年龄，却倾向于接受莱布尼兹那句"婚姻也许是一件好事，但睿智的人怎么能沉浸在婚姻的世界里呢"的年轻男女，我们又该说些什么呢？

一个热情的人可能会找很多充分的理由对此进行证明，让我们无话可说。无论老少，除了因为个人意愿，很少有人仅因别人劝荐或其他因素而结婚。上面所提到的热情之人会躲在一些看似安全的堡垒里面，然后追求着某种单一的幸福，在某一个敏感的时段里，发现自己在结婚之后却没有能力照顾家人，只能够堕落到常规的生活方式当中，忘记了自己之前所有的人生热情以及思想。尽管如此，这些不过是非常例外的情况。很多人在年轻时就应该下定决心，不应该过分专注于他们早已经设定好的目标，这可能会让他们从早已消失的骄傲中得到一丝的安慰。我大胆提出两个理由，这正是那些有志向的年轻男女应该尽早结婚，选择人生帮手的两个理由。

我的第一个理由是：追求伟大的艺术，究其本质来说，都是利他主义的。因此，那些未来的艺术家无论具体从事哪种艺术，都应该首先培养这样一种利他主义精神。只有当他们脱离了先前的人生视野，才能够更好地感受到人性的怜悯，对人生有更为深刻的洞见。下面，我们假设一番，如果一个人过着独身的生活，那么他可能会心怀自私的态度，而婚姻生活中所遇到的一些烦恼可能就会培养他的利他主义精神——这些问题只有那些充满热情的追求者在结婚之后才能够回答。若是从这种观点进行审视的话，我们显然可以看到，婚姻对他们的精神与艺术层面的成长都能够产生非常深远的影响，因为他们的人生伴侣能够给他们带来最大的帮助。

但是，一个更为重要的理由则有关个人品格。我们可以发现这样一个事实，那就是今天的很多追求欢乐的人无法永远保持他们的青春，他们对一些欢乐的感受能力也不是始终保持不变的。对很多年轻人来说，他们今天可能感到了内心的满足，但是明天呢？若是在日后你需要无私的友情以及富于怜悯心的伴侣，你该怎么办呢？

这个问题本身就回答了这个问题。如果这个问题没有给出回答，那么很多单身人士最终决定在中年时走进婚姻的殿堂，这样的事实也足以说明一切。他们这样做是正确的，虽然迟了一点，但至少要比永远不结婚更好一些吧。他们现在有机会去感受他们之前梦寐以求的幸福生活了。虽然他们可能错过了结婚的最佳年龄，但依然能够感受到这样的一种幸福。

可以肯定的是，他们现在在个人判断力方面已经处于一种成熟状态了。现在的他们已经不大可能被一些转瞬即逝的激情所影响了，虽然那句熟悉的话语"没有比一个年长的傻瓜更加傻瓜的人了"是他们所无法忘记的。但是，他们在性格形成的时期已经培养了一种以自我为中心的人生视野，他们每天都会培养自私的思想，总是想要满足个人的需求以及愿望。这种以自我利益为根本的习惯可能会让他们与婚姻伴侣之间存在很多不协调的地方，因为这样的个人性格是很难一下子改变的。这些人自由灵活的生活时间已经成为了过去。他们无法做出一些小小的妥协，不愿意为了婚姻的和谐而牺牲自己的一点利益。若是他们在年轻时结婚，那么这种性格上的差异还是可以逐渐弥合的。因为，当时的他们可以通过肩并肩共同克服人生的各种障碍，给予双方怜悯的机会，从而保证他们实现生活幸福的目标。所以，若是他们能够在年轻时结婚的话，那么现在很多婚姻的灾难都是可以避免的。

总而言之，很多晚婚的人在婚姻生活中遇到的问题其实与早婚的人遇到的问题是一样的，我们不要再一次试图通过多种方式去摆脱这样的纠缠。按照一些固定的方式进行解析的话，这也许意味着最妥当的结婚年龄是在20岁左右。因为在这个时候，我们的心智与身体都处于相对成熟的状态，而又尚未达到一种僵硬固化的状态。

古代的希腊人就将男性的结婚年龄定在25岁。当然，我们也必须要记住，在对一些常规的经验进行解析的时候，一些人在20岁的时候要比另一些人30岁的时候更加成熟。

再一次，我们需要明白，人生中需要解决的一个现实问题，就是要找到准确时间的决定因素。比方说，那些进入大学进行某些专业学习的人一般都要在20多岁才能够毕业，然后打拼几年才能够有一定的经济基础。当然，若是他在尚没有经济能力的时候就选择结婚，无法给予妻子与之前一样好的生活方式，那么这对于他们的婚姻生活来说则不是一件好事。一句愤世嫉俗的话语就曾这样说，"当贫穷来敲门的时候，爱意就会从窗户飞走"。这样一句话是从很多人血与泪的教训中得出来的，我们不应该盲目地忽视。

即便是对那些看似在年轻时就已经建立了经济基础的人来说，他们有时推迟结婚的时间也是值得赞扬的，因为他们需要在进入一个更好的人生轨道之后，才能够更好地了解自己的人生方向。他们可能不会像那些单身汉一样有那么多的顾虑，但他们会觉得自己在接受教育等方面留下了遗憾，希望在日后的时间里想办法弥补。而那些正常女性也会为自己过去没有在恰当的年龄结婚而感到遗憾，因此，她们可能认为过去一些美好的幻想都已经逐渐破灭了，而她们几乎也再没有任何可以为自己找寻的借口了。人性都是这样奇怪且一致的，很少有人会愿意错过我们祖辈们认为充满诱惑的事情。当然，在诸如选择人生伴侣这样重要的事情上，每个人都会觉得，若是在中年的时候回望过去，往往会发现自己做出的选择是不当的，认为自己不应该放弃当时的另一些选择。

假设我们都同意一点，即我们应该在达到了一定的年龄之后才去选择人生伴侣（但也不能拖太长时间），那么我们何时做出这样的选择是否要遵循某些法则或是原则呢？

也许，如果我们想要避免对其他同胞的一些根深蒂固的看法造成"侵犯"，最好要提出几个问题。我们发现很多国家对婚姻的看法都经历了颇为神秘的转变，爱意能够帮助我们在"神性"激情中占据一个安全的地位，而很多文化中关于理想主义的文学都能够让我们感受到这样一种思想，即我们的心灵会受到丘比特的影响，从而让我们更能感受到深层次的纯粹动机，这是超乎理性的一种行为。诚然，还有一些人询问我们是否相信男人对女人存在的浪漫主义爱意是当代人才拥有的，他们认为这是从中世纪的骑士精神中演变出来的。但是，每个对希腊或是罗马古典文学有所了解的人都不会落入这样的思想陷阱。

古代诗人或是浪漫主义者所说的话，其实与现代人所说的话是差不多的，他们其实也跟我们现代人一样，都说一些比较实用的话。他们在理想状态的激情驱动之下，很难保持理智，也很难去容忍这其中存在的各种障碍。

难道科学传递出来的冷静声音能够浇灭我们人类存在已久的激情吗？爱意激情的基础就在于我们相同的身体以及心灵需求，这也是我们在其他方面的欲望、激情与想法的一个基础。我们随处可以看到自然为我们设定的标准。对于我们这些具有文明意识的人类来说，需要不断推动文明的发展进步，不断提升这样的标准。要是人类一直以来都不注意饮食、锻炼或是思考的法则，那么经过数千年的演进，我们还是会像远古时期的野蛮人一样。在我们从人生这所学校里收集了更多的经验之后，我们就会更想去追求文明、智慧与道德方面的发展。虽然很难在任何其他方面发现，但原始的本能其实对我们已掌握的知识不会造成太大的负面影响。而这也是男女两性之间结合的一个本质问题。

一般人在选择人生伴侣的时候则不会表现出太多的智慧，很多女性可能在没有深思熟虑的情况下就成为了孩子的母亲，就像是那些牧羊人选择种畜时所做的行为一样。对一般的女性来说，我们很难认为在她们得到格外关注之前就不能有自己的选择。她们不同于国王宴会上的卑微的女仆，后者可能只有在自己被允许说话的时候才能够开口说话。

"无论如何，这个世界正在变得越来越公平。"很多人都会这样说。但事实真的如此吗？如果真的变得越来越公平了，为什么有那么多不幸的人在城市的最底层里打拼,成千上万的人正处于饥饿状态,还有数以百万计的人处于营养不良的状态,还有很多失业之人想尽办法去找工作,但最后却没有成功。很多的罪犯、傻瓜、精神失常者、身体残疾者或是先天有缺陷的人,他们都是一群不幸的人。其实,还有很多这样不幸的人在出生之时就注定成为了自身存在的负担以及社会的隐患——这些人的存在不是对我们人类自吹自擂的智慧的一种嘲讽吗?

当我们观察这些人以及其他一群人的时候,就会发现很多人的命运其实早已注定,因为他们的祖先做出了错误的选择,而他们则需要出来承担后果。我们很可能要将这样的一种假设抛在脑后,先谈论以更为坦诚的方法去选择婚姻伴侣。

让我们看看很多人都熟悉的一种妖魔化思想,这样的思想困扰了过去的人们。这样的思想认为每个人的灵魂都只有一个灵魂伴侣——只有一种"亲近"的可能性——这就需要我们去努力找寻,才能够找到幸福的目标。如果这样的思想的确是事实的话,那么每个人在茫茫人世间找到自己的精神伴侣的可能性又有多大呢?显然这样的可能性是非常渺茫的。真正幸福美满的婚姻是非常罕见的,而现实生活中的许多真实情况其实也远远不是很多浪漫的错觉所能比拟的。

可以肯定的是,成千上万的男女都与你年龄相当,那么你就有找寻适合自己的人生伴侣的可能性了。诚然,这样的情况是有很多的,最后却让我们看到了这会对美满婚姻造成严重的危害。因为,你的双眼只能够看到今天发展的情况,而你在明天的视野可能会发生改变。在我们现有的婚姻制度下,一个最为严肃的事实就是,男性并不是天生的一夫一妻制动物。若是一个男人能够凭借个人理智战胜身体的动机，那么他就是一个很厉害的人。

人类的很多普遍经验都可以让你明白一点，那就是无论你对某个异性产生多么强烈的动机，肯定还会有其他很多异性会在人生的某个时刻让你产生动机。公开表明这样的信念并不会让你得到额外的奖赏。但是，私底下的认可可能成为你发泄热情的安全阀，让你的判断处于一种平衡状态。从某种程度来说，这能够帮助你远离单纯看重身体美丽所带来的束缚，让你从更深层次的方面去思考心灵与心智方面的事情，因为这些事情并不总是与表面肤浅的东西联系在一起的。美感本身并不是肤浅的东西，但是很多一时激情的人往往都会将了解停留在表面。

此外，这能帮助你以符合理性的方式去思考一些不良的身体习惯，比如遗传性疾病或是其他的疾病，冷静地权衡一些值得赞扬的心智特征，避免让自己受不良因素影响。换言之，你所做出的判断越冷静，那么你就能在选择人生伴侣方面更加谨慎，那么你日后的婚姻生活就有可能更加持久。谁都不会否认，婚姻是否幸福更多取决于夫妻双方的相互信任与情感的稳定程度。

这样的结合并不是很多爱人所感觉到的真正的成功。比方说，如果在15年或20年的婚姻生活之后，相互依赖、相互信任以及相互之间的爱意要比他们一开始走进婚姻殿堂的时候更加深刻，那么这才是成功的婚姻。在经过了多年的婚姻生活之后，夫妻双方都知道，他们能够分享许多具有平等价值的东西。现在，他们能够更好地感受到相互依赖的情感已经深入到他们生活的每一个方面中去了，甚至连他们的本性都逐渐融合，让他们成为彼此生命中不可分割的一部分。现在，这就是很多理想主义者的梦想，也是浪漫主义者想要追求的未来。我们可以用理智的方法去审视这样的爱人，了解到他们彼此的怜悯与宽容，才是他们最终能够过上圆满婚姻生活的最重要保障。

但是，那些最终实现了美满人生的人都必然会明白，将时间浪费在成熟且清醒的判断之上，并不一定就会让我们最终选对一个得力的帮手。当婚姻的仪式结束之后，这样的决定不一定就是永远无法挽回的。在这个世界上，没有哪一个最睿智的选择能够保证我们一定可以避免灾难性的婚姻。然而，在任何一个不明智的选择当中，我们都有可能会获得一些意外的收获。无论在哪一种情形下，这都要取决于我们所处的情况，还有我们用怎样一种态度去面对这些困难。

要想在这方面取得成功，最关键的因素就是要有相互之间的信任。爱默生曾说，人生最伟大的成功都是需要通过真诚之人的自信与完美的理解去实现的。其实，这句话最适用于婚姻关系。若是女性主要是靠个人的身体魅力去吸引男性的话，那么这样的吸引就像是一条迟早都会断裂的锁链。身体层面上的激情的确有非常强大的吸引力，但这并不是最持久的。真正能让心与心之间形成紧密联系的，其实是被我们称之为爱情的深层次情感——当然，我们从来都没有将身体层面的吸引排除掉。

因此，我们要抓紧时间去与对方建立起这种紧密的婚姻关系，通过相互之间的怜悯之心建立起婚姻最牢固的基础。你要对此给予完全的信任，不管是对你的过去、现在还是未来，都要怀有最大的期望。不要有任何犹豫，不要有任何保留。你要勤勉地工作，更好地了解对方的感受，因为怜悯之心是人类灵魂必须要拥有的一种情感，若是我们不能在家庭生活中展现出这样的情感，那必然会给我们带来诸多的麻烦。你要拓展自身的兴趣，包括你的配偶的一些审美观。你要始终努力为人性的不完美预留一些空间，在宽恕对方的同时努力修正自己的错误。

所以，相比于20岁的时候，你可能在40岁的时候成为了一名更加充满激情的爱人，因为随着年龄的增长，你能够更好地感受到伴侣所带给你的感受，这种给对方带来愉悦的能力是人类与生俱来的一种天赋。

第十四章　未来的一代

有一种方式可以得到我们称之为"凡人幸福"的东西，那就是以真诚持续的行为去为别人创造幸福。

——布尔维尔·莱顿

赐给一个男孩说话的技巧以及创造成就的才能，无论他身在何处，都能够拥有宫殿或是财富。他们不会在赚取金钱或是拥有豪华宫殿等方面遇到什么麻烦，因为别人都会恳求他们拥有这些东西。

——爱默生

不管你是否获得了婚姻上的幸福，要是没有成为父母，那么你也很难感受到婚姻生活所带来的完整幸福。只有当你成为了父母，才能够从自身的品格塑造中得到最大的收获。当然，我们必须要指出，并不是所有结婚的人都能够承担父母的责任，这是毋庸置疑的。我觉得，在未来的某些时候，我们的习俗，甚至是我们的法律，都必然会认识到这样的一个事实。但是，关于这个主题的这个阶段不是我们眼下需要去讨论的。在这里，我们不需要去讨论有关男人或是女人的事情，由于婚姻制度或是心理层面上存在的一些缺陷，一些人可能无法生育自己的后代。我们在这里主要谈论的就是幸运的绝大多数人，他们都能够生育自己的后代。

我是有选择性地使用"幸运"一词的，但我们也绝对不能忽视这样的一个事实，那就是绝大多数未来的父母一开始都从这个方面意识到这点的。对很多人来说，成为父母是一件自然而然的事情，但是还有一些年轻的夫妻会有意识地避免成为父母。其中很多人会对成为父母的想法产生抗拒的心理，因为他们认为这是对自己原本自由生活的一种损害。不过，若是在正常的情况下，这样的情况只会延续一段不长的时间而已。随着时间的流逝，他们的观点会逐渐发生改变。他们会渐渐思考那些他们原本不愿意接受的概念，然后就会持一种怀疑的态度慢慢去接受。在目前来说，自然能够不断给我们带来全新的想法，让我们能够感受到持续的改变所带来的奇迹。自我利益能够让我们感受到种族维系所具有的巨大本能力量。昨天的自我主义者在今天已经变成了利他主义者。他们对人生的整个看法都发生了巨大的改变。对他们来说，人生有了一种全新的意义。因此，他们能够感受到许多超越了过去愉悦的快乐感。他们的品位、嗜好、欲望都是紧紧围绕着自己而展开的，他们在面对任何事情的时候都将自己的利益放在首位，但当面对个人与后代利益冲突的时候，他们会想尽办法去为他们的后代提供足够的福祉。

毋庸置疑的是，父母对孩子所表现出来的本能爱意是非常深厚的，究其本性来说，这绝对是一件具有利他主义精神的事情。这就好比是灵魂中绽开的花朵——超越了这个世界上任何其他花朵。那些没有呼吸过芳香气味的人根本不知道最深层的精神愉悦所能够带来的快感。他们的幸福之杯从来就没有满过。他们甚至会感谢命运对自己的眷顾，认为自己是少数幸运的人。他们所付出的代价就是，他们从来都不曾挣脱出个人自我主义局限的范畴，从而更好地了解他们想要找寻的目标。他们对成为父母之后所处的人生高度以及全新的视野，根本还没有一点了解。

但是，如果我们能够将父母的快乐彰显出来，就不要忽视这种欢乐所带来的巨大潜能。我们意识到，全新一代人所表现出来的潜能以及智慧，始终都会成为老一代人感受到愉悦的源泉。因为父母在孩子们身上感受到的痛苦，其实是根本无法与孩子给他们带来的快乐相比的。至于哪一种情感占据更加重要的地位，这一切都是需要每个个体去进行判断的。假设这其中存在着一般的正常遗传状态，那么孩子在成长阶段所接受的训练，就能够让他们的身心得到巨大的发展，成长为一个心智健康的人。

可以说，幸福这个问题的另一种体现就是父母对孩子们所产生的巨大且深远的影响。"我该怎样教育我的孩子呢？"这个问题是很多睿智的父母都会提出来的，他们很想要得到答案。

这本来就是一个非常宽泛的话题，因此我们的回答也必然是概括性的，或是局限于2～3个看似本质的内容。无论是在孩子成长的哪个阶段，任何与孩子成长利益存在着联系的东西——从以恰当的方式协助孩子换牙，到帮助孩子选择人生职业，这些方面的内容都是与我们的主题息息相关的。因为任何能够让孩子的身心处于健康状态，让他们能够感到幸福快乐的事情,其实都是让父母感到幸福快乐的事情。但是,因为许多明显的理由,我在这里不能列举出这种发展的各个阶段,因为这些都是属于护士、医生或是教师的职责。

但是,在如何教育孩子这个问题上还存在着一个更为深刻的问题,那就是我认为最重要的一点就是,绝大多数父母都会忽视或是有意识地驳斥孩子的一些行为。因此,我会将论述主要集中在这些方面。

我认为,行为的基本准则是这样的:给孩子的心灵灌输有关诚实的概念,充分释放他们对公正的本能感觉,要做到始终如一。从小时起,就要给孩子灌输做人要诚实,始终坚守公正的思想。

现在,我认为,在100位父母当中,可能没有一位父母在听到上述的这些建议之后,不会耸耸肩,摇摇头说:"这有什么的,这些都是我们经常所说的东西啊!"

没错,这些可能在他们眼中是一些陈词滥调,但我深信,在这些父母当中,几乎每一位父母都会将精力集中在孩子的教育以及智力培养之上——但他们却很难始终表现出始终如一的行为。我觉得,如果我们能够对这些有了正确的理解,那么日常的经验就能够给我们带来一定程度的证实。

我们是否经常能够听到一些父母躲避孩子提出的问题,或是以完全错误的说法回答孩子的问题,让孩子根本无法了解事实的真相。或者说,父母认为不告诉孩子真正的事实,这才是更好的做法。

还有,我们是否经常看到那些友善的父母在教育孩子的时候,给他们的心灵灌输许多虚幻的想法(比如,关于黑熊或是巨人、仙女或是小矮人等各种带着魔鬼色彩的童话故事），从而给孩子的心灵造成了持久的伤害呢？

以后，这种教育孩子的方式必然会逐渐被人们所抛弃，因为这些故事里存在的幽灵必然会给孩子们的心灵造成阴影。但是，这些人们虚构出来的人物却往往很难从人们的心灵中彻底抹去，然后就像是一块块迷信的阴影，让他们的心灵对超自然能量产生某种偏见。通常来说，他们在成年之后，心灵会从原先的状态中恢复过来，但是他们对现实的看法还是不可避免地被那些虚构的东西所影响。此时，我们会将之前的那些思想称为幻觉，我们会说那些持有幻觉思想的人是失去理智的人。但是，我们很容易忘记一点，那就是这些相同的幻觉正是心灵尚处于发育阶段的幼儿从小所"食用"的精神食粮。可以肯定的是，若是我们能够考虑到这样做所带来的后果，就必然会永远地拒绝这样的做法。

"但是，"我觉得你几乎会用惊恐的口气说，"要让孩子们远离那些流传久远的神话故事吗？难道要让孩子们的心灵处于一片荒芜的世界吗？"

对于第一个问题，我的回答是直接而肯定的，没错。我希望消除这些所谓的神话故事、迷信，让所有包含着错误思想的故事都从孩子们的心灵世界里彻底消失。

对于第二个问题，我的回答是否定的，我不希望孩子们的心灵处于一片荒芜的世界。我只是希望孩子们的心灵世界能够是真善美的世界。这里需要我们去找寻神话故事所带来的惊奇，但美好的现实不正在我们的眼前吗？我们有必要通过那些神话故事去教育孩子吗？可以说，自然界本身就是一个神奇的地方。绽放的花朵，歌唱的小鸟，我们脚下的小草，沉重的土地——这个世界的每一个地方都充满了神奇，充满了神秘，其不断变换的景色驱动着我们的想象力。

在真理所聚集的地方，绝对不会出现任何荒漠。自然所带来的惊奇不仅会让我们向往，也会激发孩子们的好奇心，让他们也想要去探寻自然的神秘。要是我们不用过分驱赶的方式去教育孩子，那么他们就能够在感受愉悦的思想当中，更好地进行学习与成长。

从一开始，我们就应该让孩子们感受这个世界存在的各种美好，让他们能够培养正常的心智。

我们要对孩子们的双眼进行"训练"，让他们看到真正存在的东西，我们要让孩子们的耳朵听到那些能够给他们带来真正触动的东西。谁会怀疑这样的训练方法不会让孩子们拥有健全的心智呢？

当孩子们接受了这样的训练之后，那么他们就能够更好地抵御那些不真实的幻觉，不让自己的心灵世界受到任何外在的污染。他们的心智能够摆脱外部事情所带来的疑惑，能够对事情拥有一种健康的怀疑主义态度，认为每一件发生的事情都是有其内在道理的，知道我们需要以"清晰冷静的逻辑"去对此进行分析。要是别人想要偷偷给这些孩子灌输一些幻觉性的思想，这种毫无意义的行为本身就是缺乏理智的表现。

至于孩子们在接受教育方面所遇到的问题，你要尽可能避免孩子出现早熟的情况，这个危险始终存在，永远不要怀疑一点，当你这样做的时候，其实就是在让孩子的心灵结构处于一种持续发展的稳定阶段。为了达到这个目标，孩子就需要与自己的同龄人一起玩耍，这是极为重要的。因此，公立学校能够比家庭培训带来更多的优势。孩子们能够在教室里与其他许多正常的孩子们一起玩耍，这能够帮助他们与其他小朋友建立起健康的关系，能够防止他们养成以自我为中心的危险倾向。

要想进一步防止孩子们养成以自我为中心的习惯，你还需要避免不明智或是无差别的奖励，因为这样的行为无疑是对孩子的一种纵容。但是，那些渴盼得到赞美的心灵却可能因为长期无法得到父母的认可与奖励而倍感痛苦。在这里，我们可以看到，给予孩子恰当的奖励，这是让他们感到快乐的重要方式。

你还需要持续地给孩子灌输意志力的概念，从而让他们培养真正意义上的意志力。你要教会孩子控制自身情感的能力，绝对不能自欺欺人，认为突然之间爆发自己的情感就是"意志力"的表现。事实上，这样的行为展现的是与意志力完全相反的东西。只有那些意志软弱之人才会想着用夸张的词语去吹嘘这些事情。

父母或是其他人在培养孩子们一些真正的心灵品格方面所表现出来的自欺欺人，的确让人感到无比震惊。最近，我看到了一位16岁的女孩，她患有典型的神经过敏症——也就是歇斯底里症——她躺在床上几个月了，她只会因为身体偶尔的抽搐而吸引别人的注意。她曾说自己根本没有能力站起来，但她看起来非常健康。事实上，她的身体检查报告也证明她没有任何问题。要是她拥有一丁点意志能量的话，那么她就能从床上站起来，过上正常人的生活。但是，她的母亲却完全没有意识到真实的情况，她含着眼泪对我说："唉，医生，我可怜的女儿坚持到现在也不容易了。你看看她那么努力地控制自己！

要是她没有强大的意志能量,可能根本无法坚持下去。"真是慈母多败儿啊!

也许,在今天这个许多人患有神经疾病的时代,要是让我对孩子的家庭教育方面再说几句话,我觉得必须要防止孩子们养成"神经过敏"的倾向。

显然,我们应该注意孩子们的卫生状况,关怀他们的身体发育情况。我们应该注意孩子们的饮食,这其中就包括要为他们提供富于营养的食物,限制他们吃过多含有糖分的食物并防止他们过分挑食。还有,我们要防止孩子们去碰任何具有刺激性的食物——比如,茶叶、咖啡、香料等。如果我们付出了系统的努力,保证孩子们能够获得充分的锻炼,那么他们就不容易患上神经过敏症状。因为很多神经过敏的孩子都喜欢过分沉思,而不愿意去玩游戏。除此之外,我们要培养孩子良好的睡眠习惯,因为失眠的情况是造成神经过敏的重要原因。

但是,对每个个体来说,这些事情在细节方面都会存在不同,因此,我们应该多询问家庭医生的建议。事实上,对于神经过敏的孩子的教育都应该在医生的指导下完成。虽然这是比较常见的情况,但我们还是应该让孩子在比较自由的环境下成长,让他们拥有健康的身体。

换言之,我们需要付出持续的努力,才能够让神经过敏的孩子逐渐成为正常的孩子,让他们的心智处于一种正常的状态。在此,我需要提醒一点,那就是我们不应该过早地进行这方面的努力。在孩子还小的时候,他们的心智之网处于编织的状态,因此,我们所做的一些行为带来的后果是永远都无法消除的。我可以举出一个例子。如果三岁左右的孩子的心智受到了什么损伤，那么这样的影响会持续一生，影响到他这辈子感受幸福的能力。毋庸置疑，每个孩子的心智都具有相似的特性，他们都能够指出生活中哪些是好的，哪些是坏的。在他们小的时候，我们很难意识到他们也具有有意识的个性。

孩子们那双具有观察能力的双眼能够帮助他们感受看到的每个细节，他们灵敏的耳朵能够听到每一种声音，他们的心智能够产生想法，能够对别人说的话进行解读。有意识的记忆无法让成年人回想起那段时光，但在记忆的深处，这些难以磨灭的记忆是存在的。一个人在50岁时所具有的品格其实与他在小时候受到的影响是分不开的。遗传的因素以及早期受到的教育，都会成为他们心智建立的基础，不管这些记忆因为日后的经历而变得多么模糊，但这些记忆却是始终存在的。当我对此进行反思的时候，审视孩子从父母那里得到的不好的心灵印象，我为人类能够如现在这样不断前进感到万分庆幸。

另外，我们也绝对不能忘记，即便是最糟糕的家庭也要比没有家庭更好一些——这样的家庭也要比诸如孤儿福利院等社会机构更好一些。即便是最为自私的人在对待自己孩子的时候都会展现出惊人的利他主义情感。如果他们这样的努力出现了方向性的错误，损害了孩子的利益，那么他们至少也会说自己的出发点是好的。与此同时，旁人在看到为人父母的人做出自我牺牲的程度时，都会对人性充满信心。我们现在有这么多资源，完全可以相信假以时日，一般的父母都能够用更加充满理性与爱意的方式去教育孩子。毋庸置疑，这样的理性能够让父母与孩子都感受到快乐，同时也有助于人类的进步。

第十五章　如何获得幸福

在世上，追随别人的思想是相对容易的，在孤独的时候，过着自己的生活是容易的。但那些伟大之人即便是在喧嚣的人群里，依然能够保持着孤独时的独立状态，保持着个人的美好品质。

——爱默生

智者不会犯下罪孽，这并不是因为他们对死刑的恐惧才不敢这样做，而是因为他们渴望追求正义与善良的心愿与责任。

——佩雷格里诺斯

如何获得幸福呢？你们可能会说，我之前的每个章节都是在谈论有关这个问题的各个方面。没错。但是，因为每一个章节都是在谈论某些具体方面的内容，所以我们还没有进入许多辅助性的思想渠道，还有很多方面没有进行充分的探讨。我们只能就其中一些方面的内容进行大概的阐述，因为若是展开谈论的话，将花费大量篇幅。

当然，还有一些领域超出了我们之前谈论的范围，这些都是我们绝对不能忽视的。无论对于男人还是女人来说,单纯成为一名具有良好记忆力且善于观察的人是不够的,我们还应该进行清晰的思考,保持良好的身体状况,关注自身的卫生情况,才能够在商业上取得成功,拥有幸福的婚姻生活,组建家庭,养育几个健康的孩子——我要说,这些事情其实都不能保证我们一定就能获得幸福,虽然实现这些目标能够为我们过上幸福的生活打下牢固的基础。

打个比方,假设一个人实现了上面所说的这些目标,但随着时间的流逝,他在商业层面的成功可能无法带给他想要的幸福感。假设他感觉自己长期沿着一个错误的方向前进,并且已经前进了太久以致根本无法再回头,这会让他产生要重新活一次的念头。可以肯定的是,源于成功的愉悦情感会因此而蒙上一层阴影,因为过往徒劳无功的遗憾所带来的痛苦会消除掉这些愉悦的情感。

假设,那些身体健康且事业有成的人发现自己几乎没有了志同道合的朋友,找不到能够真切感受自己内心想法的人,那么他过往对人生所持的态度就会让他成为一个心生不满的悲观主义者,这会让他不愿意努力去培养自己的美德,不愿意为造福邻居付出任何努力。这样的一个人,虽然他可能拥有生活中许多美好的东西,但是他却无法享受它们所带来的愉悦感。他无法将自己的双手放在幸福的按键上,虽然他有足够的金钱去购买许多奢华的商品。他只能够获得空洞的外表,却依然缺乏内在的愉悦。

在绝大多数情况下,真正幸福的内在实质都是由一些朦胧的抽象概念所组成的——这些都是存在于我们脑海里的思想,而不是我们所拥有的物质,这可能使我们得到别人的友情与认可。我们对家人的爱意，我们对自然、音乐或文学等方面的美感的一种感受——所有这些都是抽象的，但却是我们所需要的。若是这个世界没有了这些东西，那么这就是一个野蛮与没有人性的世界。即便按照幸福一词的现代意义去进行解读，我们也不可能感受到幸福。

因此，单纯拥有身体上的健康以及正常的感官愉悦是不够的。当然，这些可以起到它们应有的作用，而且这种作用也是相当重要的，但是它们并不能代表一切。即便是生理层面上的美感也取决于心智更高层次的品质。愉悦的性情与怜悯心能够打造我们的精神，让我们的心情变得更加放松，这是任何外在的环境都不能比拟的。因此，即便是每一种思想都能在我们的脸上展现出来，但是我们所经历的一切也许只需要别人看一眼，就能够展现出我们的人生。

在极端的情形下，我们可以看到一些傻瓜或是完全失去理智的人脸上那些空洞的表情，然后将之与那些商业巨擘或是哲学家所表现出来的平静表情进行对比，就会发现其实这二者是类似的。

当然，并不是任何人的脸上都会戴上这样明显的面具，虽然绝大多数人的表情都会记录他们人生的多个方面。但是，我们会发现自己在善与恶之间的挣扎中出现了问题，然后就停顿在这里了。若是别人看到了我们的面容，通常也能发现这是正确的。一些个人可能会做出错误的解读，但是某人的朋友所给予的评价，几乎都能够正确地反映这个人的个性。

因此，我们就有必要去注意人生成功阶段中那些无形与抽象的东西，让我们不再过度关注外部或是商业活动中发生的一些事情。

首先最为重要的是，这是关于个人气质的问题——即个人成见的问题。这是一个重要的问题，这个问题能够决定我们每个人的幸福本性，同时影响着我们感受幸福的能力。康福特说："事实上，幸福就是有关自身看法或是思想的问题。这必须得到我们的重视，否则就是毫无价值的。"也就是说，这个世界上不存在没有意识的幸福。如果你认为自己不幸福，那么你就是不幸福的。幸福的状态究其本质来说是主观的。所有外部的条件似乎都对你非常有利，但是你个人的内心却有可能会感到非常痛苦。一些人可能天生就是排斥幸福的，他们的心灵态度似乎总是处于一种排斥幸福的状态。他们羡慕别人能够获得幸福，但他们却始终没有能力抓住幸福。

因此，你要努力培养自己良好的心灵态度，远离那些悲观的心灵态度。你要培养自己的孩子养成积极乐观的心灵态度。你要努力记住生命中许多美好的祝福，忘记过往的悲伤。你要凡事往好的方面去看。你要培养这样的信念，那就是这个世界总的来说还是非常美好的。对所有人来说，总会有一些沉闷无聊的日子，但是绝大多数不好的事情都必然会让我们得到一些补偿。你要找寻这些美好的事情，而不要因那些不好的事情而消沉。你要睁大双眼，努力找寻乌云背后的阳光。你将会惊讶地看到，当你付出最大努力去找寻幸福的时候，你就能改变自己的命运。

我认识一位母亲，每当孩子们遇到一些挫折的时候，她始终用相同的方法去教育他们。她告诉他们要说"茄子"。这种看似毫无意义的教育方法会让孩子们在哭泣或是皱眉时露出笑脸。很多成年人都可以利用这个方法，努力绽放出自己的笑容。当你感觉自己身心疲惫，为生活各种不如意感到烦恼，对这个世界充满愤怒情绪的时候，你可以大声说"茄子"。你要努力感受人生中愉悦的一面。你要努力为自己制造一个微笑，正如当一名斗士在遭受伤害之后，依然能够微笑地看着这个世界。

这样的行为举止——如果你愿意，可以学习一下——能够对你的心灵产生影响，让你更好地提升个人的气质。如果你在受伤的时候露出微笑，那么你的痛苦感觉会减少一些。展现出外在的坚强能够增强你内在的勇气。勇气本身就像是我们打开幸福之门的钥匙。过去人们在谈到约翰·苏利文这位著名拳击手的时候，就会这样说，他在出拳之前，几乎就已经赢了一半了。他所展现出来的自信能够让每一位对手都感到胆寒。与此类似，乔治·伯特纳这位战无不胜的轻量级摔跤手在与一位强大的竞争者进行比赛的时候，充分展现了强大的自信，只是微笑着重复："哦，是的，你是个大块头，但我击败过比你强壮很多的对手。你们这些大块头没有胆量，看我待会儿怎么击败你。"这能轻易地让他的对手丧气。当然，强壮的肌肉与技能给予了他强大的心理支撑。但是，这种勇气本身就是一项无价的资本。如果你能够用自信的神色去面对这个世界的话，那么你就能发现自己的巨大力量，就能更加轻易地克服眼前所面对的挫折与障碍。

通过上面的例子，我希望让你们知道，对身体的研究其实与对心灵的研究一样重要——因为这两者是相互联系的。在这里，一个神奇的词语就是行动。那些心烦意乱的人不可能通过说"我很高兴"来完成内心的交流，我们需要采取一些实际的行动去完成这点。但是，倘若我们认真思考愉悦的思想，甚至是谈论这样的思想，这通常都会给我们带来一些帮助。真正的解决方法就是重新抖擞精神，换一个环境。你可以置身于一个没人认识自己的地方，不去理会自己所遇到的问题。你可以通过全新的途径去缓和内心的烦恼。你可以讲一个幽默的故事，或是为别人所说的故事而放声大笑。

但是，这毕竟只是一种试探性的行为。你必须要再深入一步。你必须要将乐观的精神视为一种心理态度。记住，真正"杀死"人的不是工作，而是我们内心的忧虑。你必须要想尽一切办法摆脱忧虑，只有这样，你才能摆脱悲惨的生活状态，防止自己出现未老先衰的情况。

但是，你该怎么去做呢？

你要不断努力去完善自己的品格——你要沿着公正、无私以及高尚的理想去打造自己的气质。但最为重要的是，你要懂得如何培养自己的勇气。可以肯定的是，勇气在某种程度上取决于我们的血液循环——取决于我们是否拥有一颗强大的心脏。所以，即便是生理层面上的不断发展也能够帮助我们拥有这样美好的心灵。但是，这不过是一个简单的开始而已。我们需要知道，道德勇气能够超越身体层面的勇气。很多人会将这样一种道德勇气与虚张声势混淆在一起。毋庸置疑，道德上的勇气在某种程度上是一种遗传下来的东西，但这却能够帮助我们实现巨大的发展。

一些人曾说过，勇气源于我们之前所做的一些事情。这是从现实的角度去看待这个问题的一种方法。格兰特将军曾对我们说过，当他第一次参加战斗的时候，他的内心是多么恐惧与害怕。对于任何人来说，初次尝试一样东西的时候都会出现这样的怯场心理。但是，如果你能够以坚毅的脸庞去面对这些困难，即便你的心正在滴血，但你依然能展现出巨大的勇气去克服这些暂时的障碍，你也就能够怀着巨大的勇气消除未来道路上遇到的各种障碍。

这不仅能够运用到现实生活中我们遇到的一些障碍与挫折上，而且还能运用到我们每天所遇到的一些让人烦恼的事情上。如果你从小就习惯了直面困难，勇敢地面对这一切，而不是想着去逃避，那么你就能够知道如何培养自己的勇气。在我们的人生里，通常都会出现一些无法避免的考验，正是因为这些考验是无法避免的，所以绝大多数人都必须要怀着坚定的毅力去面对。即便是最为软弱的动物，若是被逼到了墙角，也会奋起反抗。即便是最为懦弱的人在被逼到无路可退的时候，也会内心毫无恐惧地进行反击。那些最为可悲的罪犯即便知道自己要面对绞刑架，但他们依然没有展现出任何的恐惧。

但是，这不过是一种坚定的行为，而不能代表勇气。当然，这两者也不是在绝对意义上存在着差异的。但真正的勇敢却是一种相当罕见的品质，只有生活中一些更为细微的考验才能证明这种勇敢品质的存在。我们可以在日常生活中的一些小事上发现这种勇敢的品质，如果我们成功地在这些小事上展现出了个人的勇敢，那么我们就能够在面对一些重大考验的时候充分展现自己的勇敢。在现实生活中，无论是成功还是失败，都始终需要我们的勇气不断遭受考验并得到发展。但若是我们没有在培养勇气方面付出一定的努力，那么我们就会一心想着去追寻愉悦的感觉，因为恐惧与忧虑始终都会影响我们人生的幸福，而勇气则是我们每个人最想要找寻的解药。

在我们不断发展自我控制与自我依赖的品质后，我们就会发现，很多时候我们都是在自己找寻一些消极的东西，阻挡自己去感受幸福与快乐。因此，我们应该消除不安、焦虑或心灵的痛苦，从而感受到真正意义上的幸福。但是，我们也需要指出，迎合快乐并进而极大地提升每个人对幸福的感受，这也许是可以通过对审美或是情感本性的直接刺激来实现的。也许，这样的一种发展需要我们以理智的方式去完成，而不是以歇斯底里的方式去控制个人的热情或多愁善感的思想。

正如对美的事物具有的鉴赏能力——美的感受——可以培养，人类也完全可以通过对自然现象的观察而产生最强烈的愉悦感受。我们可以发现，那些从来没有接受过审美方面训练的人，在面对眼前事物的时候总是显得那么无动于衷。那些接受过训练的人能够将目光投向美丽的山川，然后让自己的身心全部沉浸其中——会陷入一种沉思的状态之中。他会忘记时间以及自己所处的地方，他不会就此进行任何形式上的自我主义的对比，因为在这个时候，他已经忘掉了自己的个性。也就是说，他内心的一种非个人化的情感已经将他牢牢控制住了。

与此类似的一种品格其实就代表着一种情感的提升，这是很多心智接受过训练的人都能够通过诗歌或灵魂音乐的旋律来感受到的。若是按照相同的分类，我们能够发现这样的情感与我们的内心视野存在着联系，而不与自我存在联系。这一切都与我们抽象的理智所关注的广阔天地存在着联系。

对这种内心视野的培养能够让一个具有艺术以及哲学气质的人感受一种超越身体局限的情感。因此，一个人有可能超脱日常生活中一些不愉快事情带来的不快乐情感，感受到一种平和的心态。我们获得这种谦逊品格的程度，与我们的心灵行动的力量与集中度存在着联系。那些具有强大理智能力的人在解决一些深刻的问题时，往往会忘记自己身边发生的情况。他们会表现出一种"心不在焉"的状态。正如那句话所说的，这是一种让人觉得奇怪的悖论，因为我们的心智似乎专注于其他事情，无法受我们意识的控制。

当哲学家接受了这样的心灵训练之后，这种强大的心灵需求就像是我们人类对食物的需求一样，能够让我们忘记之前有意识的自我。据说，牛顿在进行研究的时候，竟然彻底忘记了别人早已放在他面前的食物。笛卡尔在床边坐了几个小时，忘记了自己原本要上洗手间，因为他的心智处于一种混沌的思考状态。阿基米德在认真思考问题的时候，完全没有留意到走过来的士兵即将要取走他的性命。

虽然，这种强烈的心灵活动似乎能够牢牢控制着当事人内心的所有情感，但我们也绝对不能忽视发生在他们身边的一些事情。每一种具有创造性的心灵活动都能够给我们带来一种内心的满足感，而不劳力费神的内心活动也是与良好的自我感觉联系在一起的，让我们进入一种自我神迷的状态。所以，我们天生就会面临着很多悖论，但是这些远离自我的想法却最终会将我们带回到自我的世界里：我们会想办法通过培养客观的思维方式，从而忘记自我的存在，这最终会帮助我们走向自我幸福的最高峰。

显然，若是我们沿着审美或哲学的方向去培养个人的心智，那就能够直接影响到个人追寻幸福的机会，另外，我们也能够抵抗许多疾病。我们可以非常清晰地看到，促进这样的一种心灵与情感上的发展能够帮助我们实现这样的目标，这也是智慧的一部分。我们要学会在一片风景里看到心灵景象，让这样的心灵景象能够带我们到任何地方。我们要努力地通过内在的双眼去观察心灵的其他方面，不让自己误入一些可能会毫无结果的道路，让我们无法找到解决困扰了古希腊人所说的"存在"这个抽象问题的答案。

换言之，在某些时候，你要允许自己做一些白日梦，让自己的思想能够天马行空地驰骋。

难道这与我在之前章节里提到的个人要始终脚踏实地的内容存在着矛盾吗？其实，这并没有真正意义上的冲突。最为现实的人可能就是那些最著名的理想主义者。正如最优秀的人通常都是最擅长以玩耍的态度去工作的人。归根到底，理想主义与现实主义最后可能被浓缩为相同的一个词语，但这不过也就是相同一枚硬币的两个方面而已。

泰纳在谈到华兹华斯的时候，这样说："当我几天几夜躺在地上，看着天上的云朵，感受着他所创作的《不朽颂》时，我发现自己喜欢上了这首诗歌。"评论家喜欢以夸张的口气去说话，但我们却能够更好地了解他们希望表达的真正意思。每一个追寻幸福的人都应该找寻时间，"让自己好好地躺一下，看一下天上的云朵"，在这个时候，我们要怀着宽容世间万物的心态，让一切美好的情感都进入我们的灵魂。我们需要让自己记得，这是属于假日的美好时光，忘记每天要去从事的工作。我们可以自信地相信，那些云朵所形成的形状会变成我们想象中的景象，最终让我们感受到一股全新的身体乐趣以及全新的智慧乐趣。就现在而言，我们需要努力锻炼自己的身体，努力培养自己的心灵，让自己的灵魂能够了解艺术或是精神层面上的倾向性，让我们更好地感受到宇宙的音乐，感受到一种关于人类精神的无限反馈。

从对自然的审美情感中所得到的乐趣能够超越一般人所感受到的情感,正如柏拉图或是斯宾塞等人所感受到的智慧的乐趣必然要远远超越那些石器时代的野蛮人所能够感受到的乐趣。

当我思考那些接受过这方面训练的人所表现出来的潜能时,我发现这样的潜能在很大程度上都是不会变成现实的。我回想起多年前自己听到的一篇演说。那位演说者是已故的教授斯文戈,他的演说主题是关于心灵与精神教养方面所具有的潜能的。他在演说结束时所说的话语依然在我的耳畔回荡,仿佛就在昨日。

"攀登你的人生高峰,"他说话的口气是那么柔和且具有韵律感,却又那么清晰与明亮,"攀登你的人生高峰。当你到达了顶端,低头看着沉睡的世界,你可以看到下面那散发着香气的美丽花朵。"

所以,在我们对这位伟大的布道演说家的话语进行解读的时候,我要对你们说:如果你们想要充分感受到人生存在的乐趣,你们就需要攀登智慧、审美以及哲学层面上的高峰。在你们攀登的过程中,能够呼吸到比山谷中更加清新的空气。你们将会为自己的人生视野不断得到拓展而感到激情迸发。当你怀着愉悦的心情站在人生的某个高度上时,就会发现自己的内心必然会怀着某种怜悯的情感。你能够对之前认识的人充满怜悯之心。你再也不会盲目地找寻过去想要实现的梦幻且不现实的目标了,你再也不会追求那些短暂易逝的欢愉了。你已经找到了更为深刻的人生视野与更为持久的人生快乐了。

第十六章　如何面对死亡

好好地活着等同于好好地死去。

——埃皮克提图

我们完全有理由相信,死亡本身就是一件好事。

——苏格拉底

无论是在生前还是死后,邪恶都对一个好人无可奈何。

——苏格拉底

我们内心中的一个小孩始终认为死亡是某个妖怪,我们必须要说服这个小孩,让他在与死亡一同进入黑暗的时候不要感到恐惧。

——柏拉图

所有的生命最后都要迎接死亡的命运。这样的结局也是每个人都不得不去面对的,不管我们多么不愿意接受这样的结局。这是所有的哲学家都必然会承认的,不管他们持怎样的哲学观念。无论你是否怀着愉悦的心情去接受古代希伯来人所说的"吃喝玩乐"的信条,但你至少不能否认一个无法避免的事实真相,那就是"你明天可能会死去"。生命中唯一能够确定的一点就是生命最后必然会结束。对所有人来说,死亡迟早都会降临在每个人身上,这是每个人都要面临的命运。

毋庸置疑,这样的一种肯定性——无论对持有什么信仰的人来说——都会让他们感到无比惊恐。因为他们不得不思考如何决定个人的行为,从而在还有生命的时候去做一些积极的事情。一些哲学思想认为,死亡对某些人来说可能是一个诅咒,但其他人则将死亡视为一种自然的祝福。一些人将死亡视为生命的结束,另一些人则将之视为生命循环的全新开始。可以肯定的是,每个人最终都要面临死亡的结局,至于死亡在什么时候降临,这则是因人而异的。但如何面对死亡,这成为了对每个人最终极的考验。无论在任何时代,我们都很难在那些持有不同信仰的人当中彻底根除死亡的阴影——因为死亡就像是一个狰狞的幽灵那样始终觊觎着我们最亲近的人的生命,这让我们感受到无比沉重的痛苦。不管人们是否相信一些哲学思想,绝大多数人(培根的说法)都是"像孩子们恐惧黑暗那般恐惧死亡的"。只有少数人能真诚地回应那些愤世嫉俗的诗人对生命进行的无情控诉:

数一下你所知道的人生快乐,
数一下你摆脱了悲伤的日子,
你会知道,不管怎样,
事情总是不如你想的那么好。

可以肯定的是,事情不是这样的。若是我们对绝大多数人进行观察,就会发现,生命给他们带来的快乐要远远多于伤痛。但死神的确是一种诅咒,而不是一种祝福。

既然这样,那我们该怎么去做呢?我们的人生主题就是要追寻幸福,那么我们该怎样彻底消除悲伤呢?

这个问题的答案可以在埃皮克提图这一段富于远见的话语中找到,"好好地活着等同于好好地死去。"这段话看上去充满着悖论,如果我们想要以快乐的心态去面对死亡,那么我们首先就必须要过上快乐的生活,只有这样,对绝大多数人来说才是正确的。我们都知道,只有在人生能够处于绝对圆满或是将能量全部释放出来之后,濒临死亡的状态才能算得上是一种自然状态,那么更多人将更坦然地接受死亡的来临。到那个时候,我们才会发现,死亡并不是一种诅咒,而是一种祝福。因此,当我们谈论着以愉悦的心情去面对死亡的时候,我们并没有用词不当。

但不管怎么说,只有当人生能够随着年月的流逝逐渐变得圆满,并且我们将人生的潜能全部释放出来之后,才能说我们过上了充实的一生。好好地活着,就这句话的字面意思来说,暗示着我们必须要超越某种单纯而直接的个人幸福,努力追求我们在之前章节所提到的内容。那些能够怀着愉悦心情面对死亡的人会发现,自己身边的那些朋友都会怀念着过去。这种哲学层面上的信条支撑着我们去遗忘一些事情,让我们能够对人类心智中最深层的本能发起挑战。正是每个人内心的自我主义精神让他们在活着的时候希望得到他人的怜悯之情,并且希望自己在死后依然能够给别人留下永恒的记忆。其实,这不过是另一种展现自我矛盾的话语，因为按照这样的信条，每个人都有机会在与人打交道的时候满足个人的自我主义欲望。他必然要忘掉自我，才能够更好被自己的朋友所铭记。

因此，我们现在的主题集中在一点，那就是幸福可能源于我们在与其他人交往时所表现出来的怜悯之心，源于我们给予别人的帮助，而不是与别人产生的对抗。我们不得不考虑自己与别人的关系，而不是过分地站在别人的角度去思考自己。我们必须要反思一点，那就是你对别人的看法以及别人对你的看法其实都不是太重要的。因为，按照我们现在所持的观点，别人最终会发现，你已经在他们的人生中占据了永恒的地位，而你对他们的观点则只能永远地埋葬在坟墓里了。

既然这样，如果你想要赢得朋友的赞同或是他们永久的怀念，你在生前又应该对他们持怎样的态度呢？当然，我只是面向一般人说的，那些具有创造性的天才可以不管世人对他们的品格有怎样的看法，依然能够获得属于自己的名声，这些少数人不在我们讨论的范畴。

我要说，对一般人来说，如果你想要好好地活着，好好地死去，如果你想要感受到人世间最大的幸福，获得最大的奖赏，那么你在心底必须是一位乐观主义者，对别人的需求始终怀着温柔的怜悯之心，照顾别人存在的一些缺陷。你必须要努力限制自己的个人主义倾向，同时注意自己该怎样做才能最大限度地给别人带来一些帮助。如果你很强大，那么你必须要怜悯他人，而不要以一种盛气凌人的态度去对待别人，因为你要想到一点，那就是你的个人能力的强大以及别人个人能力的弱小，可能只是因为你们的出身以及接受教育的不同所导致的，而这些东西都是你个人所无法控制的。因此，最为丑恶且让人鄙视的品质就是持一种骄傲自大的态度，不要看不起那些身体或是心灵存在缺陷的人，因为你们之间的差异其实在祖先那一辈就已经决定了，这其实与你个人的能力没有关系。

即便我们的优势是通过接受教育、技能提升、勤奋或节约来实现的，这也不能成为我们骄傲自大的原因，不管我们获得了多少的自然优势。毕竟，这些成就归根到底都不过是我们的祖先遗传给我们的，这包括我们的身体与心灵层面上的品质。按照简单的逻辑推理，我们应该对祖先遗传下来的优秀品质心怀感激，因为这可以帮助我们赢得人生这场竞赛，而不应因为自己实现了某些成就而沾沾自喜。

按照传统的说法，每一代绅士的背后都有数代人优良血统的传递。那些说自己是"自学成才"的人不过是从自学成才一词的狭义出发去做出评论的。因为他的身上流淌着祖先遗传下来的血统，并且经过了数代人的不断优化。无论他前两代的祖先存在着怎样的缺陷，但经过遗传的选择之后，这都能够让他得到较为优良的基因，从而帮助他取得现在的成就。

当然，这并不说你的乐观主义精神，你的利他主义精神，都只不过是一种感情脆弱的表现，让你分不清矫揉造作与痛苦感伤的区别，让你无法分辨出情感与多愁善感之间的区别。盲目且不理智的乐观主义，若是与我们对事物的看法相联系，这才是最大的愚蠢。若是我们不分青红皂白地将一些仁慈的行为施与所有人，那么这甚至要比愚蠢本身更加愚蠢。这是一种对社会的犯罪。但是，对那些真正需要帮助的弱者给予帮助，这就是怜悯的做法，能够让我们怀着更为善意的思想伸出友善之手。这些都是维系一个正常社区发展的本质要求。要是没有强者对弱者的让步，那么我们现在所看到的人类文明根本不会出现。

但是，真正造就我们当下这个主题的，并不是很多人的需求，而是我们个人对幸福的感受。你从伙伴那里看到的会影响到你，你对他们表现出来的心灵态度能够通过他们对你的反应表现出来。悲观主义者会觉得自己的邻居是不友善的人，那可以肯定的是，他的邻居也会做出这样的反馈。乐观主义者会发现邻居身上友善的品质，他喜欢与他们接触，即便他不是很喜欢这些人的个性。

悲观主义者也很难从整个社区对他表现出来的反感情绪中挣脱出来，因为这是大众的观点。一般来说，大众对你的看法基本上就是对你人生的一个正确看法。在林肯这句"你不能在所有时候欺骗所有人"中，我们可以看出这点。如果你所在社区里的人认为你是个不友善的人，那么你可能就要吸取其中的教训，改正自己的一些行为方式。可以肯定的是，如果你不努力改变的话，那么你的名字将不会被后人所铭记。因为你的后代也会倾向于接受别人对你的一些看法，所以很难改变后代对你的一些看法。

在这个世界上，没有什么事比鄙视其他人所带来的自我优越感更加具有迷惑性的了，这样的人往往觉得自己能在死后留下好的名声。历史告诉我们，对于那些在生前未能留下过任何好名声的人来说，要想在死后获得好名声是相当困难的。你的同龄人能够客观地赞扬你，而后人可能根本不会在意你生前是否得到过别人的恭维。但是，如果你的同龄人都觉得找不到任何赞扬你的地方，那么后人更无法找到你身上存在的任何价值。你留给后代人的遗产可能会带上你的名字,但这也无法改变你生前给别人留下的有关你的品格的印象。

倘若这不是我们对其他人的善意的认同,那么我们所谈论的东西就必然缺乏必要的关联性,这也是人类心智中最深层与最普遍的特征之一。任何正常人都不会希望别人对自己有很糟糕的看法,绝大多数不好的人都会努力地隐藏自己的失职,想办法用一些看上去合理的东西掩盖事实。悲观主义者或是愤世嫉俗者的心灵都变得十分坚硬,所以他们在面对这样的嘲讽或是批评的时候根本不会退缩。

如果这些嘲笑与讥讽都起不到任何作用,那么还有一种最致命的武器——鄙视。正如一句法国谚语所说的,鄙视能够穿透乌龟壳。更为重要的是,很多缺乏自我价值的人都会认为自己会受到别人的侮辱。无论他们在世人面前表现出怎样的姿态,但我们可以肯定,他们必然知道自己的微不足道。他们对自己卑微的自我评价会直接腐蚀他们的心灵。虽然他们脸上露出微笑,但他们知道自己其实是一个恶棍。因此,他们的笑声无法给自己带来快乐,而因为错误行为而带来的心理阴影是他们始终都无法摆脱的。

但幸运的是,当我们做了好事之后,内心也不禁会感到无比愉悦。真正的善行,即便是在其他人不知道的情况下完成的,都会让我们的心灵感到无比愉悦,让我们的脸上绽放出久违的真诚笑容。简单公正的行为若是能够摆脱个人成见或是自我炫耀的话,那么这足以让我们的心灵感受美好的祝福所带来的温暖感觉。任何一个孩子都能够本能地意识到,无私的行为所带来的美好感觉与自私行为所带来的不良感觉之间的区别。一个人无论年龄多大,或是心肠多么冷漠,都能够感受到这样的区别。任何一个理智之人都不会将自己正常的心智能量扭曲到分不清善恶的地步,不知道怎样做才能让自己感受到幸福,怎样做才会让自己感受到痛苦,不论他们在日常的工作中做出了多么糟糕的选择。

伊壁鸠鲁曾说:"公正之人能够免于心灵的各种烦恼,但是不公正之人却始终无法享受到心灵的平静。"这句话不仅在他所处的那个年代是正确的,在我们当下的这个时代也同样是正确的,虽然这其中相差了2 000多年。你要以公正的方式去对待自己身边的人。其他的所有的箴言其实都可以用这句话进行概括。

要想成为一个公正的人,你必须要抛开个人的成见,让自己远离先入为主的看法,这才能够让我们的心智得到最大限度的奖赏。

要想成为一个公正的人,你必须要从前辈那里充分吸取教训:了解个人的潜在优势以及弱点,这意味着你需要具有怜悯之心以及利他主义精神。

要想成为一个公正的人,你必须要意识到自己的一些失当行为,知道自己的品格中存在的各种相互冲突的倾向,这将会让你明白仁慈的内在含义。

要想成为一个公正的人,你必须要让自己的思想与行为都变得诚实与正直起来。正如你充分遵照其他导师所给予的建议,你也绝对不能怀疑一点,那就是很多人都会受到相同的影响,从而做出相同的行为。因此,你表现出来的诚实行为会让你成为一个乐观主义者,能够感受到人性中最美好的东西。与此同时,你表现出来的正直品质也绝对不会让你失去对其他人的尊重。别人会想办法效仿你的行为,他们也会努力培养公正的做事方法,努力增强自己的能力,最后让整个社区的人都能够挖掘这样的潜能,因为他们能够从你这个榜样中汲取力量,所以他们会暂时忘记那些愤世嫉俗的哲学所带来的严厉的批判,并会选择在乐观主义精神中不断成长。

如果你收获了这样的结果,那么你就能够在这个世界上取得巨大的成就。当然,要是你能够在现实生活中取得同样大的成功,那就是更好的事情了。但是,如果你能够按照上面所说的方法去打造个人的品格,那么你是绝对不可能完全失败的,你能够以一种哲学般的安静思想去等待美好日子的到来。在这个过程中,你能够拓展自己的人生视野,能够重新感受到自己早年的人生梦想,在那个时候,这些梦想对你来说是那么重要。时间的流逝可能会让我们忽视这些理想,老年的到来可能会带给我们无尽的感伤。

在清醒的时候,只有极少数人能够怀着理智的心情去面对进入老年之后所感受到的恐惧,此时的他们依然充满着激情,依然对人生充满着希望,即使他们的人生梦想依然没有实现。他们觉得自己原本应该能够将工作做得更好,而不是将时间浪费在一些毫无价值的恐惧当中。如果你在40岁的时候不能比你在30岁的时候做得更好,那就说明你已经浪费了许多时间,错过了很多非常有用的机会。因此,40岁的人所怀有的遗憾就是,要是自己再年轻10岁就好了——我们经常可以听到别人说出这样的遗憾。当然,说出这样的遗憾不仅是愚蠢的,而且意味着我们根本没有实现自己原本的目标。无论对于20岁的人还是50岁的人来说,他们一天所拥有的时间都是一样多的。今天都是他们目前所唯一拥有的时间,也是他们唯一能够去使用的时间。对他们来说,明天可能永远都不会到来。因此,在不同的人生阶段,存在着许多必然的确定性——每个人都绝对不能担保必然会出现什么事情。

然而,死神可能会在毫无预兆的时候出现,如意外、疾病等情况的突然出现会带走许多人的生命,让很多原本年富力强的人无法完成他们未竟的事业。我们必须要坦诚,这么痛苦的事实有时是很难去接受的。正如法国国王亨利四世身患重病,躺在病床上,对自己的大臣苏利说:"我的朋友,我对死神一点都不恐惧。你在过往的数千种情况里都已经看到了我勇敢的表现。但我很后悔当初浪费了许多宝贵的时光,没有更好地统治我的臣民,没有减轻他们所承受的负担,没有向我的子民展现出我的爱意。"这位国王的行动与他的言语是一致的,因为他真的想要做出这样的事,但他却过早地被一位刺杀者夺走了生命。在这种情形下,如果死神是不可避免的,那么我们只能在哲学的反思里得到一些慰藉,那就是当某些人逝去之后,其他人能够继续他们的事业。这样的思想可以从历史中得到证实,因为很多尚未完成的事业最后都是由后人帮助前人完成的,这是毋庸置疑的。当然,很多不得不完成这些工作的人可能无法像之前那位热衷于此的人那样感受到那么多的满足感。因为暴力或是疾病所造成的死亡,无论是发生在一位具有才华的人身上,还是发生在其他人身上,都不是一种自然现象,而是对世间规律发展的一种无情的打断,因此,我们必然会认为这对人类是一种不幸。

另外,我们也必须要记住,很多人认为自己的工作尚未完成,而事实上,他们的有用信息已经充分传递出去了。圣杰罗姆就告诉我们一个故事:"泰奥弗拉斯托斯在他107岁的时候,对于自己即将死去而难过,因为他刚刚明白应该怎样活。"西塞罗也曾谈到这个人,"当他躺在病床上,抱怨着自然赐给了麋鹿与乌鸦那么长寿的生命,而长寿对这些动物来说是毫无意义的,但是自然却赐给人类这么短暂的生命,虽然人类是最应该拥有更长寿命的动物。因此,如果人类的寿命能够大幅度延长的话,那么他们就能够通过自身努力,更好地了解宇宙的知识,掌握所有的艺术与科学,使之变得更加完美。"

但实际情况是,泰奥弗拉斯托斯100岁的时候也不见得比他50岁的时候对如何活着有更清晰的认识。所以,假设某人拥有很长的寿命,如果他能够始终保持个人的功能以及能量的释放,保持年轻的活力,那么这的确是让人们向往的。但若是我们从生理的事实去观察的话,就会发现,即便一个人的寿命超过了常规范围,他多活的时间其实也无法帮助他创造什么更大的作为。我们已经谈到,亚历山大·洪堡等人经常会说,这是一段"让人们感到困惑的时光",与此同时,很多著名人士在他们晚年时都在传播着一些相当消极的思想,给那些想要过上积极生活的人带来许多消极的影响。

关于年迈的我们在离开这个世界的时候所感受到的悲伤,泰奥弗拉斯托斯——如果关于他做出的那段抱怨的描述是事实的话——无疑是一个绝对意义上的例外。绝大多数老年人都不会像抓住救命稻草那样绝望地挽留自己的生命,因为他们知道自己已经青春不再了,但他们依然能够感受到生命所带来的各种乐趣。正如西塞罗所说的,"那些觉得自己还能够再活一年的老人,永远都不会显得太老。"

也许,不会有太多老人以积极的态度去放弃这种假设存在的一年。但是，这最终还是取决于我们自己。在绝大多数情况下，这都会带给我们一些警告。当死神最终到来的时候，几乎没有几个老人会在精神上对此进行反抗。

虽然在很多人年轻的时候因为疾病或是其他方面的原因过早地接触了死神，但是他们也能够有更好的知识与勇气去面对死亡。据说，法国元帅莫蒙西朗公爵曾因为战斗中留下的伤口而深受折磨。科尔利德俱乐部成员劝告他要有耐心，顺从上天的意志，他回答说："啊，仁慈的天父，一个不辱人生成功度过 80 载的人在人生的最后时刻不知道如何坦然地面对死亡，你能想象这种感受吗？"他所展现出来的这种勇气是值得赞扬的。

任何具有理性的人都会远离因为暴力或疾病原因而走向死神的结局，他们都准备着用勇敢的心去面对死神的到来。但是，这种逃避的心态可能并不是出于一种对死神的恐惧，而是出于一种对痛苦的恐惧。在这里，塞内加的一句话就能够充分说明这点。他说："死神本身是不会让人感到恐惧的，但是死亡来临的过程却是一种恐怖的体验。"就一般的情况而言，正是我们等待死亡的过程而不是死亡本身，给我们带来了最大的恐惧。当最后时刻降临的时候，人们往往会进入到一种毫无意识的状态。

即便即将要死的人能将意识保留到最后（这样的情况是相当罕见的），这与自然状态相比，还是会让人感到一定程度的痛苦。解剖学家威廉·亨特在他人生的最后时刻就曾说："如果我的手能够握住一支笔，我就能够将死神降临时候的那种舒适与美好的感觉写出来。"他的这段话不过是表明了人类在自然状态下死亡的一种感受。对于绝大多数的人类来说，死亡本身被证明是一个毫无痛楚的过程，类似于人类在每天晚上睡觉时候的那种感觉。

因此，我们可以将接近死亡的过程比喻为睡觉，这也是所有比喻中最常用的了。但显而易见的是，我们最后也必然像我们的祖先那样无法逃脱死亡的结局。每个时代的诗人都会吟诵这样的诗词，"死神以及他的兄弟在睡觉"。其实，在史前时代，那时的人们还不知道什么是诗人或哲学家，但他们也能够发现死亡与睡眠之间存在着的相似情形，然后在此基础上建立迷信的哲学，之后哲学家一词才慢慢出现。而接下来各个时代的思想家则不断地拓展与充实这样的思想，满足他们对不同思想体系发展的需求。我们也不能说，这种时代累积下来的智慧能够给这种相当原始的比喻增添什么重要的力量。但是，后来的人显然要比远古的野蛮人更加具有智慧——他们再也不会担心"梦境会到来"，从而打扰他们在死亡之后面临的漫漫长夜。

如果死亡只不过是一种"睡眠与彻底遗忘"的话，那么对死亡表现出来的恐惧情感，就好比一个人有意识地恐惧自己会生病一样，这是对理智的一种否定。正常人在一年中的365天里每天都是需要睡觉的，在一个正常人的人生中，他睡眠的次数超过了25 000次。在成千上万次的睡眠中，我们一般的睡眠时间都是7~8个小时。在这段睡眠时间里，我们其实就是处于一种遗忘的状态，睡眠者对外界发生的事情完全一无所知。我们的人生有1/3的时间都投入到了睡眠之中，可以说，在这1/3的时间里，我们都是缺乏意识的——处于一种自我意识缺失的状态，这其实与生命本身是存在对立的。要是某个人在早上起来的时间与平时不大一样呢？要是他每天八个小时的意识缺失时间延长为永恒了呢？

每个时代所推崇的哲学都表明一点，对于个人而言，这其实是没有任何关系的。对每个人来说，这种长眠迟早都是要到来的。对他本人来说，他今晚睡觉之后明天起来，或是今晚入睡之后，再也无法醒来，这其实还是存在着差别的。要是他一睡不醒，那么对他的朋友或是长期依赖于他的亲人来说，这会带来什么呢？在这个世界上，又有哪个人是完全为自己而活的呢？一般人在晚上睡觉都是为了充分恢复体力，从而能够更好地胜任第二天的工作，通过努力工作，养活自己的家庭。难道我们要说，对于那些依赖于我们的亲人来说，即便我们长睡不醒，这其实也是没什么关系的吗？可能只有那些不切实际的哲学才会做出这样的回答吧。

对于人类这种社会动物来说，死亡的到来的确是很重要的——而且是极为重要的。对于他身边非常亲近的人，对那些需要他给予精神以及心灵支持的人来说，他并不是单纯的一个人，而是代表着一个社会机体构造。这样的一个人可能会出于理智的想法逃避这种未老先死的想法。但是，如果他们对死神表现出无所畏惧的话，这则是不理智的行为。但若是换个角度来看的话，知道死神的"无情召唤"其实对于缓解他们的恐惧与欲望是毫无帮助的，这是对他们理智的终极考验，让他们不要将时间浪费在那些毫无意义的抱怨之上，而要尽最大的努力去满足那些依赖于他们的人，从而减少死亡给他们带来的伤害，因为最终谁都无法躲避死亡的降临。我不知道每个人具体是怎么做的，但他们应该都会尽自己最大的努力，为了他们亲爱的人能在日后过得更好，能够安然地入睡，能够以平静的态度去接受他的死亡而奋斗。他们当然不能冷静地面对死亡，即便他们的心灵早已经知道自己该以怎样的方式去面对死亡了。

　　但是，无论你为自己亲爱的人做了多么充分的安排与准备，无论你的人生过得多么丰富，无论你在进入毫无痛苦的长眠当中时多么愉悦，但是你远离了自己身边的人，这始终会给他们带来悲伤，任何哲学思想都无法为我们提供安慰。这种悲伤的程度，在很大程度上与你做人的正直程度是成正比的。随着时间的流逝，人们会在回忆你的美好的人生时，感到内心的安慰与美好，这能够给他们带来愉悦的美好回忆。有时，这样的印象能够深刻地烙在他们的心灵深处。正如卡利马科斯给阿堪修斯的萨翁篆刻的碑文一样：

　　　　他神圣地睡着了，
　　　　美德之人是不会死的。

附录：对前面一些章节的补充内容

> 幸福与理智所具有的各种功能，体现在我们正当的欲望与富有美德的行为之中。
>
> ——马库斯·奥勒留

1. 该吃什么食物[①]

在吃饭问题上，一般人都会有两种不同的看法。一种看法就是人吃饭是为了生活，另一种看法是人活着是为了吃饭。一个人对吃饭这个问题的看法会根据他所处阶层的不同而有所变化。但总的来说，这样的差异其实没有想象中那么大。因为过分的暴饮暴食会摧毁我们从食物中感受乐趣的能力，所以某些人若是能够对食物表现出应有的节制，那么他们还是能够从美食中得到愉悦的。除此之外，这个世界上

[①] 这部分的内容是对第二章"身体的需求"的补充。

应该没有人会完全失去对食物的兴趣。事实上，我们人类对食物的生理需求是如此强烈，以至于在现实中几乎不会有人不喜欢吃美食，虽然有些人可能在心理层面上哀叹这种事实的存在。

要想真正了解这种始终存在的生理需求，了解食物摄入对我们身体机能的影响，我们必须要明白，人的身体就像是一台机器，我们需要熟悉保存能量的方法，才能够更好地利用食物所带来的好处。我们身体的每一种有自我意识的活动——即便是动一下手指等简单的行为——都必然伴随着身体某些机能遭受破坏，当然这种破坏行为之后释放出来的能量会通过各种复杂的化学方式传递出来。这种化学物质的转变若是以最通俗的话语去描述的话，就是我们身体能量的燃烧。氧气在进入肺部之后，通过红细胞传递到身体的某些部位，产生的能量部分以肌肉能量的形式释放出来，部分以热量的形式释放出来。

氧化的产物——也就是这种燃烧之后的残余物质——再也无法为身体提供任何营养与能量。事实上，这些残余的东西不仅是毫无用处的，而且还会给人体带来巨大的消极影响。如果这些有害的残余物质在身体或血液里不断累积，那就会变成有害的物质，很快地危害到我们的身体机能，摧毁我们的生命。某些人在患有肾脏疾病的时候，就会出现尿毒症的症状，这就是一个最好的例子。

很多人都会有这样熟悉的经验，那就是人能够在长时间没有释放肌肉能量的情况下存活很长时间。所以，按照这样的理论，我们能够无限制地减少没必要的能量释放（虽然从严格意义上讲并不是无限制的，因为心脏的肌肉、呼吸以及消化系统都始终处于一种活跃的状态）。而不管这样的活动是多么不活跃，身体的机能都是需要释放能量的（除非人体始终处在某个温度上，而这将会是人体无法承受的）。这样的热量必然可以通过能量的燃烧得到补充，否则身体的温度就会很快降低，无法维持正常的体温。

一个最为显著的生理事实就是，我们的体温只能在一个很小范围里波动，否则就会影响我们的健康。无论白天与黑夜，夏天与冬天，人的体温一般都不会与正常状态下的体温有超过一摄氏度的偏差。显然，身体的内部要比表面皮肤的温度更高一些，而血液的迅速流通会很自然地保持这样的平衡。即便是在我们因为患上某些疾病而出现身体不适，人的体温也不会出现很大的偏差。

当然，这说明了人的身体机能能够有效地排出一些热量。人的皮肤和排汗系统，就是专门用于保持身体温度平衡的。当身体的毛孔打开之后，排汗系统处于一种活跃状态时，蒸发出去液体的过程就能够给我们的身体带来降温的作用。当我们身体的毛孔处于紧闭状态时，身体排汗功能就会处于最低限度，身体的皮肤就会形成一道无形的屏障，阻止热量的散失，从而维持身体热量的平衡。但在天气过热的情况下，我们会发现身体释放出了许多热量，从而能够很快将体温降下来。

毕竟，这样的生物学解释不过是用相对技术性的术语去表达了一个熟悉的事实，那就是身体始终要靠食物维持。我们并不需要任何科学的分析去明白这个基本的事实。但是，了解一些最为基本的事实与现象，这始终是我们所感兴趣的。对某个人们已经熟悉的现象的解释能够让我们发现一些不太熟悉的事实。

比方说，在这种情况下，我们最好要发挥自身的分辨力，更好地在两种看似相互冲突的看法里得到更好的结果。如果我们想表达人类对食物欲望的需求，并且了解这种欲望的本性，就需要对此进行了解。为了达到相同的目标，我们很有必要更进一步进行生物学层面的解释，了解为人类提供生命的物质的属性。为了实现这个目标，我们可能暂时需要忽视诸如氧气等气体对我们产生的影响。氧气这种气体进入我们的肺部，然后与我们体内的"万能溶解剂"——水——结合起来，从而为人体提供生存所需的物质。

若是我们将目光投向更加有形的物质，也就是一般人所谈到的食物，那么我们就会发现，食物的种类虽然多样，但若是从化学成分去进行分类的话，可以分为三大类：（1）蛋白质，（2）碳水化合物，（3）脂肪。

蛋白质，或者说蛋白质物质，含有氮元素，同时也含有氧、碳、氢及少量的各种其他元素。若是从化学角度看，最关键的是氮元素。蛋白质通常也会被说成是含氮食物。我们都非常熟悉这一类的食物，鸡蛋与牛奶都富含蛋白质，还有谷类，特别是小扁豆、豌豆与大豆等食物，在这方面的营养更是非常丰富的。

之所以会有碳水化合物这个名称，是因为这一类的物质主要是由碳元素、氢元素以及氧元素组成的。糖与淀粉是典型的碳水化合物。

脂肪在物质组成成分方面与碳水化合物是相似的。脂肪主要是由碳元素、氢元素以及氧元素组成的，并且不含氮元素。它在元素的组成成分方面与碳水化合物存在区别，因此它们对我们身体的帮助也是不一样的。

蛋白质能够直接为身体的肌肉提供能量，碳水化合物与脂肪也同样能够为身体提供能量，而且很多能量都以脂肪的形式存储在身体中，以便日后使用。

我们平常的饮食必然要包括这三种类型的营养物质，这是一个再简单不过的生物学事实了。因此，我们需要稍微了解每一种营养物质的主要化学成分。但是，列举这样的事实对于一般人来说其实没有什么意义。真正重要的是，我们要知道数以百万计的人在生物与化学出现之前，都能够很好地选择饮食。因此，我们可以说，正确的饮食习惯可以说是人类生存的本能，也是我们基于日常生活的经验所总结出来的，并且最终会给我们带来满意的结果。毕竟，只有现实的经验才能够成为最终的衡量标准。但是，经验主义其实也能够与科学分析相互辅助、相互补充，以便让我们得到最好的结果。否则，我们就会陷入科学的教条主义，罔顾现实的一些基本的经验。

若是我们能够回顾一下科学史，就会发现我们的祖先养成了杂食的饮食习惯。人类的牙齿与史前时代的祖先相比并没有发生多大的改变，显然证明了人类本来就是一种杂食动物。这并不能证明今天的人类就一定要在一顿饭里吃太多种类的食物，但这至少能给我们带来一些启示。

毋庸置疑，原始人在很大程度上都是靠天吃饭的。在热带或是亚热带地区，我们假设我们的原始祖先生活在这里，他们会发现这里的坚果与水果是相对丰富的，适合他们吃的食物相对较多，并且不需要他们付出太多的努力。鸟蛋或是爬行类动物的蛋是他们能够获取到的，还有年幼的鸟类以及动物都是他们能够捕捉的，各种各样的蜗牛以及其他大型的昆虫，都成为了他们的食物。当然，还有河里的软体动物以及鱼类都是他们能够获取的。所以，我们可以说原始人的饮食是相对多样的。

当人类成为聪明的捕食者与渔民之后，他们就会朝着高纬度地区前进。他们显然会发现自己的饮食习惯逐渐发生了一些改变，那就是他们所捕获的猎物越来越多，改善了他们的蛋白质摄入水平。但若是从另一个角度去看的话，他们依然以农业生产为主，小麦与蔬菜逐渐成为了他们的食物，他们的食物变得更加均衡，因为这些食物能够为他们提供相当充足的碳水化合物。

在人类文明历史开始之前，这些原始人就已经成为了高效的放牧者以及农业专家，他们所驯养的动物包括牛、绵羊以及山羊。在那个时候，生活在地中海地区的人们还不知道原鸡这种动物，但是鸭子、鹅与猪都已经被驯化了。黑麦、大麦、燕麦、小麦以及稻谷已经开始被栽种了。还有相当一部分的蔬菜已经在被培育了，并且受到了当时人们的喜欢。

但是，我们必须要记住一点，那就是生活在东半球的人们并没有火鸡吃，当时比较重要的是马铃薯。玉米还没有成为人们日常享用的食物，玉米和火鸡都是美洲大陆独有的食物品种。在各种食物的推广当中，最重要的要数马铃薯的推广，这在16~17世纪对人类的饮食习惯产生了极为重要的影响。马铃薯能够给人们提供充分的淀粉，而且相对廉价，因此在很大程度上改变了欧洲人原先的饮食习惯。在马铃薯推广到欧洲之前，肉类是他们的主要食物。

至于糖类食物，这可以说是我们在日常生活中经常会吃到的。在古代，糖类食物几乎只包括蜂蜜这种东西。希伯来语有这样一句话，

"一片到处都是牛奶与蜂蜜"的地方，这就说明了在古代人的心目中，蜂蜜所占据的重要地位。在古希腊人看来，蜂蜜是最为重要的商品。雅典附近的伊米托斯山上野生的百里香能吸引很多蜜蜂，带来一定的蜂蜜。在整个中世纪，蜂蜜都是糖类食物的一个重要原料。从甘蔗汁里面提取糖分的方法可以说是相对近代的时候才出现的——当然，这其中还有甜菜糖，正是这两种植物提供的糖类成分打开了世界糖类食物贸易的大门，不过这也已经是19世纪晚期的事情了。

几乎在过去的任何一个年代，蜂蜜的供应都是极为有限的，当然，现代的糖类食品的交易是相对发达的，这也是过去任何一个时代都无法相比的。

我们无法找到关于这方面内容的精确数据，但我们惊讶地发现，相比于古代人所得到的极少量的蜂蜜，当代人能够制造数百万吨的糖类食物，这几乎是过去的人们所不敢想象的。

我们可能会说，这些糖类食物对我们当代人的饮食习惯产生了重要的影响（特别是美国人的饮食习惯），事实上情况也的确如此。可以说，人类成功地获取了大量的糖类食物，这对于改善人类体质起到了重要的作用，但至于这种作用的影响到底如何，我们尚且很难做出判断。

与此同时，我们可以看到，饮食习惯的改变会对整个人类的体质发展产生重要的影响。这可能会增强人类的体魄。我们可以知道，现在一般的英国绅士阶层的人都已经穿不下中世纪英国人所穿的盔甲了。至于一般性的健康问题，我们可以从人的寿命上进行对比。我们可以发现，现在的人要比之前的人更加长寿。但是，我们也必须要防止得出一个绝对性的结论，因为我们现在通过研制出预防性的药物以及改善卫生状况，消除了一些疾病，从而大大提升了人类的健康状况。比方说，这种改变的起源并不在于我们的饮食习惯发生了变化，而在于詹纳的发现帮助我们消除了天花——这样一种疾病在我们的曾祖父那一辈人生活的时代，可能会让人类 1/10 的人口都成为受害者。

这样的事实时刻提醒着我们，在从历史中吸取经验教训的时候，一定要避免陷入教条主义的陷阱当中。关于这方面研究所得出的唯一结论就是，我们祖先的饮食状况似乎是可以得到保障的，而且人类一般性的发展似乎也是可以得到保证的，因为我们能够得到各种丰富的食物。现在的人们再也不需要过分关注一些饮食方面的理论，但他们依然能够茁壮成长。

毋庸置疑，每个时代都有一些对食物挑剔的人，他们都说人类要限制自身的饮食范围。比方说，我们知道古希腊著名哲学家毕达哥拉斯就曾推崇严格意义上的素食主义，他所处的时代是公元前 6 世纪，距离现在已经差不过 2 500 多年了。但几乎没有哪个文明的社区愿意大规模地执行这样的饮食习惯。直到今天，很多提倡素食主义的人都是在倡导这样的一种理论而已，根本找不到一些能够让人们信服的证据。

几乎没有人会质疑一点，那就是人类是应该在餐桌上吃一些素食的——当然，我们在选择素食的时候是要做出一些甄别的，帮助身体补充一些恰当的营养。在人类历史发展过程中，只有一些波利尼西亚人进行过这方面的尝试，他们都是一些并不开化的野蛮人，所以他们的行为不能给我们提供什么具有说服力的证据。

我们已经指出了一点，那就是崇尚素食的野蛮人通常都是残忍且无情的，而生活在北极圈附近的爱斯基摩人的饮食则几乎完全是以肉食为主的，但他们却是性情温和的并以和平的态度闻名世界。但是，气候状况的不同显然是决定人们性情的一个重要原因。因为一些人生活在热带地区，另一些人则生活在寒带地区——因此，我们显然不能单纯从一些表面上的事实得出一个概括一切的结论。

2. 大脑与心智[①]

"我思故我在。"法国著名哲学家笛卡尔的这句话是相当经典的。乍一看，这句话所展现出来的缜密逻辑性并不是那么明显。但若是我们能够仔细思考这句话，就会发现这其中所包含的深刻内涵。当你充分地思考这句话的时候，就会发现，如果你没有思考的话，几乎无法证明自己之前存在过。要是我们没有思考能力的话，那么我们也很难知道自身的存在或是其他事物的存在。若是没有了思考能力，我们就像是木头或是石头那样缺乏任何的情感。

你们可能会说："不管怎样，我们依然会存在，正如木头与石头那样存在着。"是的，没错，但是你无法证明自己之前曾经存在过。因此，在某种程度上，笛卡尔的这句话是我们每个人都需要接受的。

当我们充分感受到笛卡尔的这句话所展现出来的自我主义品格之后，就会发现这样一个事实，那就是这样的思想一开始会让我们感到

[①] 这部分的内容是对第二部分"幸福的问题之心理层面的问题"的补充。

无比惊讶，但若是我们能够对此进行深刻反思的话，就会发现这几乎是一句真理。我们每个人都知道，若是我们无法感知自己的心智活动，就几乎不可能知道外部发生的任何事情。

当我谈论人类心智的时候，我其实是指我从自身心智中所得到的推论。我绝对不可能直接了解你的心智，当然你也不可能直接了解我的心智。我们不可能看到或听到或触摸到一种思想，我们只能够通过自身的心智去对此进行感受，但是我们不能以直接的方式去感受除了自身之外其他人所表现出来的思想。

因此，从严格意义上来说，我们对其他人的想法都是推论的结果。大脑的细胞可以说是心智的核心部分，能够对我们的身体肌肉发出各种指令，这也是我们与这个世界进行沟通的唯一方式。通过这样的身体活动，我们能够做出一系列的手势、行动，这些都是需要通过我们的神经去完成的。若是将这些神经切除掉，那么我们是根本无法感受到任何外在的情感或是思想的。诚然，疾病有时会让我们处于这样的状态，但是疾病的受害者必然要一动不动地躺着，没有任何能力去表达自身的欲望。

但在一般的正常情况下，这些外在行为始终处于一种不停顿的运转状态，而我们的心智也是一刻不停地与外在世界进行着交流。从行动、手势、语言所具有的特点去看，我们通过交流媒介所表达出的话语能够为别人所感知。我们也能够对别人所说的话进行一番推论，从而了解别人的观点。要是我们每个人不能展现出我们是源于相同的种族的话，那么这样的相似性几乎是不可能出现的。如果我们不长期通过相同的象征手法去了解同一种思想，那么我们也无法有效地进行沟通。但既然这是一个可能出现的情况，我们就必然要最大限度地保证这些手势、行为以及他人的体验都能够将思想传递出去，从而进入我们彼此的心智中。

但是，这也不过是一种推论而已。当你与我都接触这张桌子的时候，我可能会主动地想知道你对这张桌子的看法。我能够通过一系列的推论去得出一个我认为合理的看法。可以说，我们的整个社会的基础都是建立在这样的一种假设之上的。

若是沿着这样的分析进行推理，那么一些哲学家就会得出一个结论，那就是只有心智才是存在的，其他一切都是不存在的。他们会说："这个世界上并没有所谓的物质，若是没有了心智的感知能力，这个世界上将没有什么颜色，只有当我们的心智对这样的颜色进行了分析之后，这样的颜色才能为我们所感知。与此类似，要是我们没有听觉，那么我们也无法听到任何声音。若是我们没有嗅觉，也将无法闻到任何气味。"这种理智的方法存在着巨大的诱惑力，但却缺乏一定的常识性，因此我们不需要盲从这样的思想。心智的能量的确是非常强大的，甚至其本身都不需要拓展自身的潜力边界。但若是换个角度去看的话，我们就必然会承认诗人们经常谈到的一个事实，那就是："这个世界上并没有什么好与坏，有的只是我们对此的看法。"

唯心主义哲学的对立面是唯物主义哲学，这种哲学的核心思想就是这个世界上只有物质是存在的。我们很难用一句话去充分将这种哲学理念表达出来——至少物质是至高无上的，所有我们已知的现象都不过是物质相互作用的一种结果而已。"大脑能够产生思想，正如肝脏能够分泌出胆汁一样。"这是卡巴尼斯所说的一句著名话语，很多物质主义者就是用这句话去对抗过去的唯心主义学说的。

这样的阐述必然会引起许多激烈的争论，我们对此也不需要过分关心。在一些哲学思想流派里，我们依然能够看到或是听到这样的一种挣扎，任何一个谨慎的人都会承认，物质与思想的关系以及物质相互作用的问题是终极的。另外，我们也必须要明白，心智独立于大脑之外的这个问题也是我们必须要关注的核心问题，因为这是一个我们当下就需要解决的问题，并且需要我们以一种毫无争议的方式去解决。在当今时代，任何人都不会质疑一点，那就是大脑是一个真实存在的有形心智器官，而这一器官所做出的恰当行为在很大程度上取决于我们的思想与情感的完整性。

若是我们抛弃所有虚无缥缈的哲学暗示，接受这样一种信念就意味着我们对大脑的看法已超越了祖先。因为我们的祖先认为大脑的功能就是让血液的温度降下来，而心智中枢则位于我们的心脏。现在，我们都知道，虽然心脏能够为人体提供最为重要的血液循环功能，但却根本不能为我们的心智提供任何重要的指引。如果我们想要做出正确的思考，我们的大脑——而不是我们的心脏本身——就必须要做出正确的决定。任何对大脑的物理层面上的扰乱行为，最后都必然会扭曲我们的心智。

所以，若是按照一般性的观点去进行阐述，毋庸置疑，现在的每一位读者都已经知道了这样的基本事实。但是，我假设还有很多读者对大脑解剖学方面的知识存在着模糊的概念，他们认为心智的活动依赖于大脑的活动。因此，我们可能有必要提供关于心智活动方面的研究结果，从而简略地谈到与大脑相关的情况。这样的一种研究也许能够让我们更加轻易地了解心智活动本身的过程。

一开始，我们必须要明白一点，那就是大脑其实是所有神经节集合的地方，这样的一种集合可以在相对高级的动物身上发现——也就是说，在脊椎动物身上，我们都能够发现这样的情况。即便是在最低等的脊椎动物身上，神经节的集合也能够形成脊髓，从而让前端稍微出现增大，形成恰当的大脑容量。当有机体的体形增大时，这种脊髓的前端扩张就会变得越来越明显（与此相伴的是，动物会变得越来越聪明）。人类，作为万物之灵长，虽然并不拥有体积最大的大脑，但除了鲸鱼与大象的大脑之外，人脑在体积上是最大的。

大脑的核心结构是细小的细胞与纤维，这些纤维将微小的细胞与身体组织连接起来。这些最重要的细胞在体积上都是最为微小的，在每立方厘米的区域中聚集着数以百万计这样微小的细胞。我们在此并不需要去思考这些细胞是如何运转的。但我们需要非常明确地知道，这些细胞的确是一刻不停地处于运转状态。连接细胞的纤维在身体的边缘运转，这就变成了我们与外部世界进行接触的身体组织。我们可能会认为，这些纤维就像类似于电线的东西，能够将外部世界传递出来的信息传递到大脑细胞里。如果我们身体的任何部分与外部的物体产生了接触，就能立即感受到这个物体的表面是柔软的还是坚硬的，也会立即知道这个物体是温暖的还是冰冷的，知道它是粗糙的还是光滑的。我们似乎能够在瞬间知道这些事情，但事实上，我们只能通过指尖去感受，将这样的感受传递到大脑的细胞里，然后这些细胞就会对此进行解析。在这个解析的过程中，我们的心智才会出现。

对于我们通过其他特殊器官从外部感觉到的所有印象来说，情况依然如此。我们的眼睛并不是真的看到了事物，我们的耳朵并不是真的听到了声音，我们的舌头并不是真的品尝到了味道，我们的鼻子并不是真的嗅到了什么气味，每一种器官从外部所接受的印象都首先需要传递到我们的大脑细胞，然后我们的大脑细胞才会对这些印象进行分类，让我们的心智对此有一个清晰的判断。感觉系统的器官就像电话一样具有信息传输功能。神经纤维就像是电话线。大脑细胞就是内在的传送器，在这背后则是我们的心智，它让我们成为一个有感知能力的人，可以通过身体复杂的器官去感受从外部世界所接收的印象。身体每一部分的器官都必须要处于良好的运转状态，否则这样的信息将无法充分进入到我们的心智世界里。或者说，当我们的心智能力遭到扭曲之后，我们便不能完全接收这样的信息。

要想让这样的对比变得更加完整，我们必须要知道，大脑细胞从外界接收信息的行为是始终通过身体复杂的纤维系统来完成的，这能够让信息从一个细胞传递到另一个细胞，而不是单纯局限于大脑本身。因此，我们从一个信息源里接收到的信息相比于从另一个信息源里接收到的信息，通常会处于一种被压制的状态。这样的对比通常能够帮助我们更好地对外部的各种信息进行正确的解析。我们通过这些纤维与细胞的作用，就能够将大脑的信息传递到身体的各部分。当然，这是通过身体边缘的外在纤维来完成的——从而让我们的身体肌肉出现收缩的情况，让我们的心智能够迅速做出各种满足身体需求的行为。

因此，这就构成心智物理结构中的一个子结构。这样的身体组织必然能够发挥其自身的功能，让我们有趣的思考过程受到其影响。但是，在我们强调了心智与身体的独立性之后，我们可以暂时回到之前提到的一个观点，重新证实一点，那就是大脑以及支撑着大脑的身体其实起到的作用不是很大，只有当它们与心智联系在一起之后，才能将其重要性展现出来。

比方说，身体层面上的美感只有在我们的心智对此进行解析之后，才能够带来一些积极的影响，否则就是毫无意义的。因为美感能够给具有心智能力的人以及其他人带来一种愉悦的感受。

身体层面上的软弱都会以直接或间接的方式影响到当事人对幸福的感受能力。我再次重复一下，身体与大脑的状况本身并不是很重要，因为最为重要的是心智所做出来的行为，这本身就能够让我们知道自身处于一种积极还是消极的状态，我们从而也就能知道自身是否处于一种幸福的状态。

3. 对年龄的考验[①]

我在此希望指出，我们最好用小时作为单位去衡量一个人的年龄，而不是用年作为单位。我还记得曾听到一个很年轻的人对一位用鄙视态度看待他的评论家进行反驳，因为这位评论家说："年龄大的人会知道得更多。"

这位只有25岁的年轻人反驳说："但是，我亲爱的先生，我其实已经比你还'老'了。"

---

① 这部分的内容是对第十章"年轻与年老的对比"的补充内容。

"胡说八道。"评论家回答说,"我今年43岁了,你还不到30岁呢。"

"43岁吗?"

"当然是43岁了。"

"但是,知道多少跟我们多少岁有什么关系呢?那边的一棵树可能已经百岁了,但我绝对不会说那棵树比你知道得更多。若是用年作为单位去衡量一个人的生命,这就好比用蒲式耳去衡量钻石。你肯定不会用那样的单位去衡量钻石。当然,你也不会用盎司或是颗粒去衡量钻石。你会用克拉去衡量钻石的重量,这是一个极小的单位。同理,一个人的生命也绝对不应该用年月日去衡量,而应该用分钟甚至是秒去衡量。若你能好好地度过每一秒,那么你就能好好地度过自己的每一年。因此,我们还可以用小时作为单位去衡量生命。若是用小时来衡量生命的话,我要比你活得更长。"

"接着说吧。"评论家用怀疑的口气说。

"嗯,首先,我要问你一天晚上睡多少个小时?"

"我晚上十点钟睡觉,早上八点钟起来。"

"很好。我每天晚上十一点睡觉,早上五点钟起来。所以,你睡了十个小时,我睡了六个小时,我每天要比你多活四个小时。现在我要问你,你每天要花费多少长时间在吃饭上呢?"

"大约是三个小时。"

"我一天的吃饭时间不超过一个小时。所以,我又比你多活了两个小时。你一天耗费在游戏上的时间是多久呢?我注意到你每天都在打撞球与玩纸牌。"

"是的。我每个晚上都要玩一两种游戏，一般都要玩两个小时。"

"你玩游戏的时间，我都用来学习知识。因此，我又比你多活了两个小时。我并不是说你玩游戏的时间是完全荒废的。也许，这样的娱乐活动有助于你的健康。但我并不需要这样的消遣活动。你没有利用晚上的时间去学习知识，没有增添你的知识，提高你的人生效率。换言之，你一天投入到工作或学习上的时间只有九个小时了，而我在这方面的时间是十七个小时，我每天所用的时间几乎是你的两倍多。"

"因此，我觉得，假设我们的大脑能量都是相差无几的，而且在工作的时候也有同等效率的话，那么只要稍微进行一下数学计算，我们就能知道我其实比你还年长。因为我的心智发展要比你的更加健全，比你掌握更多的知识，对人生的看法也要比你更加成熟。我的证明完毕。"

当然，他微笑地给出了结论："你可能真的要比我更具有智慧。因为你的大脑可能天生就要比我的更加聪明。你也许在十分钟内学习到的知识要比我一个小时学习到的知识都多。但是，请不要将智慧与单纯的年龄联系在一起。因为你也可以看到，单纯就年龄来看的话，我是处于劣势的。"

我还记得，当我第一次听到这个故事的时候，内心是相当震撼的。当时年轻的我当然倾向于认为人生是要以小时作为单位去计算的，虽然我现在并不会觉得那位年轻人的思想逻辑是无懈可击的。但是，我必须要承认，我们在餐桌上花费的一个小时与我们在学习知识时花费的一个小时，是不可以按照相同的标准在时间的账目上进行计算的。但在我们计算整个人生的时候，依然会发现那些被有效利用的时间能够给我们带来许多的美好,这些都是我认为更加有价值的时光。

毕竟,这样的阐述能让我们以更加鲜明的方式说明这样熟悉的事实,那就是单纯的年龄不能作为衡量任何一个人的智慧或是心灵状态的标准。在日常生活里,我们能够看到一些人虽然年轻,但是能够充分利用每一个小时,他们依然能够很快地实现心理层面上的成熟,而很多人虽然年龄较大,却一事无成。所以,我们经常可以看到,很多自满且无知的人都喜欢用年龄或是资历去压制别人。

此外,我们也很难否认一点,那就是一般人在经历了人生的一些阶段之后,必然会对人生有更为深刻的了解。当然,我的意思是我们能够更好地使用我们的感觉器官,更好地对这个世界进行了解。诚然,这样的阶段并不单纯存在于一般人的人生之中。那些天才人物也能够同样展现出他们的成长与改变。诸如拉斐尔与贝拉斯奎兹等画家以及像歌德这样的作家都是如此。

我们已经列举了许多例子,证明一个人即便在将近 80 岁的时候,依然能够拥有旺盛的精力,这些例子都是真实的,在某种程度上,一些人在将近百岁的时候依然能够保持一定程度的人生活力。然而,我们也必须要明白一点,那就是很多年过六旬的人几乎都会表现出不同程度的人生疲态。正如像爱默生这样的天才,都会说出"岁月不饶人"这样的话语。

那么,显然我们用文字呈现出来的画面也有相反的一面。但是,我必须要指出一点,那些始终都在不断进取的人其实是例外,而不是大多数。我们可以进一步承认一个事实,那就是即便最具进取心的人都必然会陷入一个进步与倒退的循环。当然，绝对意义上的停滞不前是不存在的，我们只能假设，每个人的身体机能都在人生的每个时刻里出现进步或是倒退的情况。在每个男人或是女人的人生里，他们必然会在某个时刻处于心智的最佳状态，即他们的身心都处于人生的顶峰状态。在这些时刻之外，他们可能会遭遇长时间的疲惫状态。正如我之前所指出的那样，在现实生活中，没有任何一个人能够具体地说出这些时刻。

若是考虑到心智与身体之间已知的相互独立的关系，那么我们首先就会想到一个人是否处于心智顶峰，必然取决于个人的心理机能的状态。但是，倘若我们进一步进行审视的话，就会发现这样的判断其实存在着严重的缺陷。人类的智慧状态取决于人的大脑状态，这些都是进化过程最新的产物，而身体肌肉系统的充分发展则属于我们人类早期进化的结果。因此，遗传的法则在每个人身上得到展现，这是极为正常的。那些冠军级别的运动员都是在20来岁的时候处于运动生涯的巅峰，最多能够将状态延续到他们40岁左右的时候。一般来说，在35岁的时候，他们就已经过了肌肉活力最充沛的年龄了，他们的肌肉系统的充沛活力最多还能维持10年左右。

与此同时，人的身体机能能够进入我们所说的"大脑新纪元"状态：身体的肌肉在我们年轻的时候处于最佳状态，现在轮到大脑产生威力了。当然大脑的状态达到一个巅峰值也是需要过程的，这就是我想要表达的观点，因为对于一般的男女而言，大脑功能不断提升的过程也许是很长的，而大脑功能下滑的过程也是相对缓慢的。

4. 遗传的内容[①]

在我们这个时代，科学的关键词变成了遗传。现在，大家都在谈论着关于遗传的问题。当我们看到一位失败的人时，不禁会摇摇头说："哦，这个人的问题来自遗传，他身体里流淌的血液能够说明一切。"我们也已经习惯了用这样的观点去衡量别人，正如店员用这样的目光衡量他们的衣服一样。要是我们对这样的科学方法还存在任何疑问的话，那么具有科学精神的人可以过来给予我们一些帮助。

他们会说："是的，你说的没错。你对此所持的看法完全符合遗传学的原则。我们在表述的时候可能会存在一些不同，但是意思基本上一致。我们平时所说的'物以类聚'其实就是这个意思。这样的原则适用于世界上任何具有生命的物种。比方说，我们可以注意那些不同种类的细菌。而当你使用显微镜进行观察的时候，就会发现细胞是会分裂的，一个细胞会分裂成为两个细胞。这个过程几乎以一种无穷无尽的方式进行着。在恰当的状态下，这些细胞会分裂成为无数个，但是，每一个细胞都与之前的那个细胞完全一样。霍乱弧菌的细胞永远都不可能分裂成为导致肺病的细胞，也不可能分裂成为白喉杆菌的细胞。每一个细胞分裂都只会分裂成为同一种类的细胞，正如'物以类聚'这句话所说的那样。这是一个简单且毋庸置疑的事实。"

---

① 这部分的内容是对第十三章"人生的伴侣"和第十四章"未来的一代"的补充内容。

难怪，这样一个相对简单、真实且让人们信服的论点被证明是极具吸引力的。几乎所有的普遍性法则都是如此。但是，我们绝对不能忘记一点，那就是一个看似简单的原则可能会在现实的应用中变得非常复杂，我们现在就面临着这样的问题。诚然，如果我们想要睿智地将遗传的法则运用到人类这样的高等生物身上，必然会遇到一些问题。人类父母并不是完全彼此相像的，因此，子女也必然不会与他们的父母完全一样。因此，遗传的理论其实还是存在着一些变数的，但是过往的经验能够证明，后代在某种程度上依然具有他们父母身上的一些特点。既然这样，那么什么才是遗传的原则呢？若是从身份认同方面出发，我们并不能完全证明"物以类聚"这个原理的存在，如果说"这种相似的属性"只是用来传递某种一般的相似性，那么这样的原则可能就过分模糊了，根本无法在现实生活中得到运用。

事实上，这里根本不存在任何的模糊。这种看似模糊的情况的部分原因是遗传的复杂性，部分原因是我们对遗传的误解。我们可以从这样的事实里找到解释，那就是遗传并不仅仅指代际之间的传递。

若是从宽泛的意义上说，我们经常会谈到肺病、精神失常或心脏疾病都是遗传病。严格意义上来说，这样的表述是不可靠的。肺部、大脑和心脏的先天缺陷或易感性——这些器官患病的倾向——也许是遗传的，并非是后天的。因此，倾向性一词就是我们解决这些问题的重点。两位父母可能都拥有着完全不同的身体特征，但他们却都能够将各自的一些基因遗传到下一代身上，虽然有些时候这样的倾向是让人感到烦恼的。

机体不可能同时表现出两种倾向的特征，但是它潜在的倾向特征却数目众多、形式不同。体内某种病态的倾向始终都会希望占据上风。若是在外界的帮助之下，这样的病态倾向可能在某个时候屈服于另一个处于主导地位的倾向。若是没有处在这么有利的情况下，这样的状态可能就无法保持一种平衡了。这类病态倾向可能根本无法展现出来。但是，这样的倾向却能将一种隐形的能量传递到后代身上。

举个例子：如果父亲拥有黑色的眼睛，母亲拥有蓝色的眼睛，显然，他们都不可能同时将遗传基因传送到他们的孩子身上。但是，其中一个可以将黑色眼睛的基因遗传下去，另一个可以将蓝色眼睛的基因遗传下去。然后按照某种遗传基因的倾向性，决定孩子是拥有黑色还是蓝色的眼睛。假设黑色眼睛的遗传倾向要更加强大，那么他们的孩子可能就会拥有黑色的眼睛。但是，蓝色眼睛的基因并没有完全消失，而是在这一代人中没有显现出来而已，这可能会在隔代遗传中展现出来。

但这并不代表着完全的事实。一种遗传倾向可能处于休眠状态，也许根本没有被别人察觉到，但这样的隐性基因却并未完全消失，有可能在百年之后的后代里展现出来。无论是对心灵、道德还是生理层面来说，都是如此。简而言之，我们所观察到的事实似乎能够证明这个结论，即我们的身体似乎永远都无法真正地消除曾经获得的遗传倾向，而是将这样的倾向存储起来了。如果有可能的话，这样的遗传倾向会一代代地存储下去，等待着在合适的时机展现出来。只有通过这样的推理，我们才能解释很多前几代人所遗传下来的基因。这也是达尔文所说的隔代遗传。

显然，如果我们想要单纯从父母的角度对孩子的遗传倾向进行研究，这会让我们走进很大的误区。但我们很难找寻一些祖父或曾祖父进行研究。隔代遗传有时会追溯到之前几代人的基因。但是，如果我们真的能够对之前的祖先进行研究，那么我们必然会对这样的事实感到目瞪口呆。你可以看到原来自己身上积累着八位曾祖父母的基因。

尽管如此，我们还是会发现很多祖先都不可避免地给我们带来了一些遗传的影响。在上溯到第10代的时候，他们的数量可能在1 000左右，在消除一两个不重要的人之后可能就会得出这个整数。但若是上溯到第20代的时候，这可能就是100万人了。而如果我们回到第12代或第13代那个时候，只需要对此稍微进行分析，就能够发现与自己存在着遗传关系的人已经数量可观了。

因此，若是按照这样的角度去进行分析的话，我们与别人肯定都是兄弟姐妹的关系。因此，那些考古学家在谈到每个人的祖先时都可以上溯到17世纪的时候，他们的说法是正确的。但他们也存在着一些谬误，可以上溯的时间其实远远不止17世纪。可以说，无论是17世纪、18世纪还是19世纪，这样的宗谱其实并不能为某些新贵正名。

在很多人嘲笑的背后，存在着一个影响极为深远的事实。若是我们以一种批判的眼光去看待的话，就会发现我们的计算其实并没有将近亲婚姻的内容计算在内。因此，这样的事实可能还是缺乏严谨的精确度，因为我们的很多祖先都是以近亲结婚的方式去生育后代的。当然，这种近亲结婚的现象在古代的贵族或是那些没有几个兄弟姐妹的家族里发生的概率会更大一些。因此，我们可以说，古代的很多国王以及他们的血统都是通过近亲婚姻的方式延续下来的。

当然，一些贵族会看不起平民百姓，因为他们觉得这些平民百姓根本就没有任何显赫的祖先。当然，他们的意思是这些平民百姓并不知道他们祖先的名字。但是，难道这些贵族就知道自己祖先的名字吗？约翰·琼斯爵士就曾大声地炫耀自己的血统，因为他知道琼斯家族的血统源于何处，他知道自己上溯十代的祖先。所以，他对那些不知道自己曾曾祖父的生平记录的人持一种鄙视的态度。

即便琼斯知道他的祖先的名字以及生平记录，但向前追溯四代人，难道不会发现一些人不是以琼斯为姓氏的吗？我当然不敢贸然做出这样的推定。但如果这样的情况是存在的，那么他又怎么能够吹嘘自己知道之前十代人的历史呢？难道就因为其中一个人是以琼斯作为姓氏吗？但在1 024人里，其他1 023人难道都是与此毫不相关的吗？生在过去的这位琼斯先祖可能的确是一个很伟大的人，但他也不过是具有千分之一的遗传影响而已。

幸运的是，约翰爵士根本不知道这样的事实，所以他的心灵能够保持一种平和的状态，因为他的先祖很有可能就是一群普通人，散落在全球各个地方。因此，那些可怜的平民的祖先中可能也有人是诸侯或奴隶，但是他们都已经被历史所完全遗忘了。

但是，无论是国王还是诸侯，这些其实都已经不是我们所要讨论的问题了。唯一重要的就是曾经有这么多祖先存在过。而他们也当然时刻准备着在我们进行最为简单的计算时出现。过去的人在近亲结婚时做出了最大的"让步"，这样的行为让祖先的人数减少了一半，但我们依然要追溯很多人才能对每个人的祖先的过去有一定的了解。而隔代遗传的法则则证明了这些祖先身上的某种特定的倾向可能在长时间的消隐之后,突然在某一代人身上出现。因此,我们祖先身上的很多特征就有可能重新呈现出来——虽然这个过程中会出现很多融合与改变——但无论是对平民百姓还是对贵族来说,遗传倾向造就了今天的你我他。

这是一个可怕的思想吧?这么多可怜的普通人都会被疑惑以及不确定的思想所影响,被各种相互矛盾的愿望以及相互冲突的激情所困扰。难怪始终如一的行为是我们最难去找寻的。难怪我们很难在极为复杂的人生过程中,持续地保持理性的想法。"物以类聚"这样的想法因此不再是一种看上去那么简单的原则。

所以,若是我们用图表的方式去看待的话,就会发现每一个人都代表着遗传金字塔的顶端,而金字塔的底部正是我们的许多祖先,而每一个横截面则代表着每个祖先的所处的时代以及个人的状况。既然这样,为什么相同的原则还会适用于这样的情况,而每个人的"顶端"的状况都是不大一样的呢?这种"物以类聚"的原则又怎样解释相同的祖先繁衍出具有多样化特征的后代呢?我们可以说,遗传在没有任何外在作用的影响下,可以对这个问题给予一个回答。这是因为近亲结婚生育的后代没有让遗传基因显示特征。换言之,这是因为近亲结婚无法让优良的遗传基因充分展现出来。

当然,这个回答是不充分的,但却能够解释很多现象。在我们找寻其他原因之前,首先请认真审视这个答案。

如果所有人都是从同一个祖先那里诞生出来的,所有的婚姻都必然在某种程度上算是近亲结婚。但是,这样的程度与兄弟姐妹之间的近亲结婚有着巨大的区别。这样的情况在古代是合法的,即表兄妹之间是可以结婚的，但这样的做法为现代文明所禁止。

乍一看，我们还不是很明白近亲结婚对生育后代方面所产生的严重的不良影响。但只要我们稍微对此进行一番思考，就能清楚地了解其中的原因。第一，近亲结婚会严重限制后代的遗传多样性。若一个人的父母是表亲，那么他们只有六个曾祖父母，而不是正常情况下的八个曾祖父母。我们不需要做进一步的计算，就可以知道这样的遗传基因的选择已经人为地缩减了 1/4 了，这本身就是一个严重的问题。第二，某些遭到限制的倾向可能会以这样的方式不断累积起来，这会带来严重的后果。这些倾向可能会让血缘非常近的两位曾祖父母的遗传影响爆发出来，因此对后代的影响是非常大的。

近亲生育出来的后代可能会遇到这样的情况：第一，他们没有其他孩子的多样化的遗传倾向。第二，他们的身体会存在很多不正常的遗传倾向，这是因为某些遗传影响通过近亲结婚不断累积起来。现实生活中的观察完全支持这样的理论。当我们运用这样的原则时，就会发现近亲繁殖的家畜都会表现出这样的倾向。

因此，我要说，这是遗传本身给予每个人不同状态以及倾向的唯一回答。这个回答并不充分，因为，要想特征明显，很显然要近亲结婚，而我们都知道这种结合在哪里都是例外。即便是野蛮人都不会在同一个部落里选择伴侣，而是会到其他部落那里找寻伴侣。虽然我们这样的结论是合理的，但我们会发现这其中还是存在着一个漏洞，那就是无法解释基因本身是否能够在不知不觉的情况下发生改变。从某些方面来说，这样的更改与添加要比原先的遗传影响更加重要。

让我们以更具批判性的眼光去看待这个问题。我们已经假设每个人都从他们所有的祖先身上遗传了一些基因。如果是这样的话，那么人类的所有特征都来自我们之前所提到的一切古人，而这些倾向可能会再次出现在每一个后代身上并得到优化。而这种遗传倾向本身是源于上溯的第六代曾祖父母还是第八代曾祖父母，其实并不是很重要。然而，我们知道近亲结婚产生的后果确实不同。

此时，我们遇到了另一个绊脚石。这样的解释并不是想要找寻什么，虽然其中的部分解释内容是在遗传范围之外的。我们已经说过了，世界上每个人的身上都存在着他们祖先的遗传影响。这样的说法当然是正确且适用于所有人的。但若是我们说同一种遗传特征并不会来自同一个祖先的话，那么这就是一种错误的说法了。但是，遗传的说法并不能充分解释每个人的个性，因为在他长大成人之后，所有祖先传递下来的遗传倾向加上某些后天培养的品质都会产生一定的影响。我们相信，这些我们后天所掌握到的品质虽然可能不会被很多生物学家所认同，但这样的品质的确会传递到后代身上。这就好比我们的每个祖先都在他们的一生中获得了一些品质，然后一代代地传递下来。我们需要记住，这样"添加"的东西并不一定就代表着一种提升。有时候，这样的"添加"反而给后代带来了严重的不良影响。

不仅这些全新的遗传倾向可能一代代地传递下去，而且过去的遗传倾向也可以让我们得到全新的价值。某些人可能在一定的环境下得到了一些东西，这让他们比前一代的人更加具有优势，当然，其他方面的遗传倾向则可能被隐藏在不那么明显的位置。

因此，我们需要去考虑这种环境带来的全新因素。这是一种可以引入到每一种生物等式中的变量，而且这样的变量都有一个恒定的属性，这就是所谓的遗传倾向。我们无法要求世界上任何两个生物都存在一样的特性，世界上也没有任何两个人的个性是完全一样的。因此，个人与种族的多样性就可以被视为有机生物体的一种特征，这首先是通过环境表现出来的，而不是通过遗传表现出来的。

现在，我们知道为什么有六位曾祖父母与有八位曾祖父母之间存在差别了，而另外两位多出来的祖先能够带来某些遗传倾向，这些遗传倾向是在这两位祖先的特别基因序列中发展而来的，因此，这些倾向不同于有着不同祖先的后代在不同世代表现出来的倾向。从最早共同祖先那里继承来的久远或根本的遗传倾向总体来说是一样的。不同之处在于并非根本但十分重要的特别演进的基因序列。

我们可以看到，除了这些额外的遗传倾向，我们也不能完全将某人所具备的特征视为是某种遗传层面上的东西，而忽视了环境所产生的影响。诚然，如果我们能够将这样的分析按照相同的方式进行回溯，就会发现这涉及遥远的祖先以及他们身上所展现出来的一些最本质的倾向。我们就会发现，这些相同的论述能够产生相同的力量。只不过时间久远了一些，当时那些我们现在称之为根本特征的东西正处于发展阶段。我们也会倾向于相信一点，即这些事物从本质上来说都是环境力量的一种产物，然后作用于那些能够做出反馈的物种身上。事实上，我们对生命及思维所了解的一切就是对我们所处的环境的一种反应。

按照这样的观点，绝大多数人会说，遗传就像是一个类似于容器的东西，装载着我们的遗传倾向，从而让这些倾向能够得到较为安全的保护。这些遗传倾向可能不会产生任何特征，但这就像是造物主精心保护的东西，因为任何一种倾向只有在我们获得之后，才会从这个容器中消失。

因此，遗传的过程其实就是这些遗传倾向的保存以及传递。这种过程能够展现出绝对意义上的公正。我们可以发现，每个人所具有的相同品质——无论是沉睡的、次要的，还是显性或相对隐形的，都能够在后代的身上得到展现。遗传特征的使命就是能够在某一代人中得到展现，因此，这必然会给环境——这一遗传倾向的重要塑造者——留下巨大的改变空间。

这种环境所具有的力量现在遭到很多人的严厉攻击。但是，环境的力量同样也是有其限制的。身体与心智某些方面的特征会通过持续的重复而变得根深蒂固。因此，这绝对不可能在某一代人身上就完全得以消除。我们祖先的所有遗传倾向都是按照这些方向去发展的。环境所具有的改变性能量主要表现在那些全新的遗传倾向上，只能在最近几代人身上得到展现，从而与那些根深蒂固的遗传倾向形成鲜明的对比。

尽管如此，原始的遗传倾向并没有完全超脱出环境的限制，因为没有一个人单纯受到遗传因素的影响。我们就以人的身高作为例子吧。这种遗传的倾向可能在几英寸的误差范围内出现，其中一些祖先可能只有4英尺高，其他一些祖先则可能接近7英尺。但是，一般人的身高都在5~6英尺。在这个范围之内，一般的环境因素可能会产生一些影响。婴儿、孩子以及少年等时期的营养状况，是否患上某种疾病，这些都会决定某个个体的身高情况。因为在一般的环境状态下，不同种族的人的身高都是各自维持在一个平均水平上的。比方说，巴塔哥尼亚人和爱斯基摩人就是如此。

适用于身高方面的遗传因素同样适用于我们的心灵与道德层面。但是，关于身高、身体、心灵或道德层面上的事实，对于某个具体的人来说，都是具有一定限制范围的，对于他们的后代来说，这个限制范围并不是完全固定的。当然，每个人都可以在某种程度上改变这样的倾向，但却无法完全消除这样的遗传倾向。这些传承下来的遗传倾向能够让我们对不断变化的环境做出反应，让每一代人都能够有不同的想法。

从过去的人那里继承来的通常特征只能说明一种恒久不变状态，一代代人类受制于最初始时的特征条件。比方说，爱斯基摩人就因为世世代代都缺乏一些营养物质而身材普遍不高。但毋庸置疑的是，隔代遗传法则依然有可能在他们身上出现。在不同的气候条件下，他们的后代可能重新拥有过去魁梧的身材。

即便在某些状态下，这些情况是存在的。但环境本身无法根本改变我们的身体、心灵或道德层面上的性质，而只能是程度上的改变。所以，上面所提到的这些概略性的东西都是从一些遥远的祖先那里遗传下来的，而这对世界上的每个人来说都是一样的。正是这样的一种对每个人来说都是特殊的遗传倾向，让每个人变得如此与众不同。

如果这对于不同种族的人来说是真实的，那么这对于相同种族中存在的极端个例来说也必然是真实的。因为这些人都是具有相对可变性的，这才是每个种族存在着不同之处的原因。高加索人与爱斯基摩人在100万年前有共同的祖先。而庄园主与他们手下最低等的仆人可能在几个世纪之前也有着相同的祖先。他们不仅在基本的遗传倾向上存在着许多方面的相同，而且在一些具体而特殊的倾向上也是一样的。我们熟悉的传统故事中的一些内容显然是基于这样的事实的，乞丐的孩子与国王的孩子被从小调换的故事就能够清楚地证明这点。

我们还需要进一步的证据去进行证明，只要我们回顾日常的生活经验，就能够分析出具有极端代表意义的特征是能够为每个个人所拥有的。最为重要的是，人们能够在每一个社会层级里面找到共同的道德属性。

为什么会这样呢？

因为这样的一般属性已经深深烙刻在我们的祖先身上。当然，每个具体的细节可能是千差万别的。比方说，一些人长出了蓬乱胡子，穿着破烂的衣服，而别人则穿着时尚的衣服，梳理着整齐的头发。这样的差异其实都是由于近几代人所处的环境差异导致的，但更为重要的特征其实都是类似的。玛丽·安的追求者们都是通过拳击比赛来决定谁才能够得到她最终的爱意的。而追求普利里拉的人则是通过讽刺或是巧辩的方式去进行"决斗"的。但是，无论采取哪一种方式，其原则都是一样的。鲍艾里的英雄们可能是通过拳头去击败恶棍的，至少能够展现出他们身体层面上的力量。而百老汇的英雄则能够通过更为微妙且富于智慧的方式展示力量。但在这些例子里面，最为重要的事情就是这些英雄都取得了最后的胜利。他们可能双手插在口袋里，大摇大摆地走着，也可能是用最为有趣的鲍艾里舞台上的口音咒骂着，但是他们所表达出来的哀婉之情却能够为更具有情趣的人所欣赏，当然他们的勇气可能会变成一种自我吹嘘，但在观众智慧的双眼中，他们正一步步地成为理想中高尚且让人激动的英雄，即便是那些最为挑剔的观众也可能会对此表达自己的欣赏之情。

为什么会这样呢？

因为我们在舞台上都是想要找寻最为理想的人物故事，而相同的理想情形可能都是从我们遥远的祖先那里所感受到的。

事实上，我们在到处都可以见到这种遗传所带来的相似性，这也能够帮助我们解释很多现象，而不是单纯将目光集中于遗传过程中所展现出来的差异性。因为这样的差异性在很大程度上是环境的产物。更为真实的是，这一切都是属于自然的计划，让我们能够更加方便地使用目的论的观点，避免走向各种极端，尽可能地让我们在遗传的帮助之下成为一个快乐的人。这就好比我们用同等的情感去面对每一种倾向，让我们能够更好地面对自己，勇敢地接受遗传倾向所带来的一切。要想实现这个目标，我们可以采取最为简单且最有效的方法。这就是我们经常所说的"异性相吸"。我们都清楚，这意味着一个人被另一个异性吸引，因为这个异性身上具有的主导倾向刚好对应了这个人的从属倾向。但是，这样一种被压制的倾向可能在下一代人身上得到明显的展现。换言之，这意味着隔代遗传得到了实现。

按照现实的情形，我们需要注意到高个子男性通常会被小个子女性所吸引，金色头发的男性会被浅黑色头发的女性所吸引，天才则会被一些平庸之人所吸引。按照我们的日常经验可知，即便是最为具有美德的年轻女性也通常会被男性身上所展现出来的与此相反的道德准则所吸引，而那些最邪恶的人可能会找寻最具美德的女性。因此，若是按照严格的社会类型进行分类，我们需要努力去将这样的倾向平衡化，这样的遗传平衡始终都受到环境的影响。

若是从更大范围去看的话,一种类似的努力可以通过平衡各种阶层去得到展现。对于每个在某一方面进行特殊发展的人来说,他们可能会因为近亲婚姻而让自己处于一种不良的生存环境当中,给自己制造许多问题。事实上,他们身上所展现出来的无能始终都是与一些极端的发展形成对比的。我们注意到某些种类的动物在进化之后能够在某种特定的环境下迅速成长(这与近亲婚姻形成对比)。现在,我们进一步注意到,在很多刚出生的驯化动物身上,这样的情况就更加明显了。只有当它们始终处于这样一种人为制造的环境当中,而人类不断地阻挡它们通过隔代遗传回到原先的状态,我们才有可能驯化成功。如果我们重新让这些已被驯化的动物生活在大自然中,那么它们可能很快就会回归到之前的状态——放归的野马就是这方面的例子。

当然,这一切不过是通过生存的奋斗以及自然选择进行简单的解释而已。在相似的情形下,完全相同的事情会出现在人类的家庭之中。关于这方面,最好的例子就是有关王朝时代的例子。王朝一般是由某个拥有罕见且强大遗传基因的人创建起来的,这些人都能够在一个让人萎靡不振的环境之中,始终坚持他们的传统,依然选择近亲结婚这样一种生育方式。在几代之后,他们的后代都出现了各种无法避免的严重生理问题。这些后代通常会在某些方面显得毫无作为,或显得精神失常,根本没有进行统治的能力。但是,家族强大分支的支撑或某些外来者的加入,使王朝逐渐扭转了这样一种不断走向衰败的循环。

若是从一个范围更小的角度去看,这种相同的循环对于那些置身于社会上层的人来说,也是屡见不鲜的。这样的逐渐衰败以及通常所见的"最古老以及最好的家庭"都与一个全新家庭的出现存在着相伴的关系，这也几乎是每个人都会经历的事情。但是，无论在任何地方，我们都能够看到相同的故事：这首先是因为环境所带来的影响，然后通过遗传——特别是通过隔代遗传——充分展现出来，从而让一个种族的发展出现一种稳定性。因此，那些对自然持激进主义态度与保守主义态度的人都支持这种观点。其中一种态度能够保证我们取得成功，而另一种态度则能够防止这样的进化过程出现巨大的变化，从而摧毁我们人类。

也许，若是从另一种观点去看的话，我们都是天生的犯罪者，因为我们都从遥远的祖先那里继承下来一些遗传倾向，而我们的祖先在那个时候能够完全遵照个人的意志生活，不需要遵照现代人的文明准则。孩子们在瞬间发怒的时候，就会用力打伤母亲的脸，他们展现出来的这样一种情感其实与封建时代的人们在面对敌人时候的那种情感类似。孩子对小动物所展现出来的残忍也许就是我们祖先过去追逐猎物所遗传下来的吧。但是，这不过是复杂个性中的某个单一方面而已。同一位孩子在某个时候可能会变得极为残暴，但在下一个时候则可能会跪下来，亲吻自己的母亲，眼中含着忏悔的泪水。有些男孩会产生拿起石头向一只陌生的狗投过去的本能动机，但是他们在不幸砸中这只狗之后，也不可避免地会产生悔恨或遗憾的心理。

这两种情感是相互对立的，但它们都属于"本能"。

我们只需要在一个小时内观察一个年幼孩子的行为，就会发现他的行为无法掩盖他内心的情感，我们能够对这些心智尚未成熟的人的内心有一个较为明晰的感受。当我们充分意识到一个事实，即如果这样一种倾向绝对不可能从我们的个性之中消除的话，那么我们就会明白,这样一种"完全好"或"完全坏"的轻率说法其实没有真正的意义,因此很难适用于人类复杂的心灵世界。

当然,我们也必须要承认一点,那就是如果我们想要通过一种伦理道德将人类的倾向划分为两种,那么每一个世俗之人都能够按照某个特定标准去追求善与恶之间的平衡。我认为,我们中绝大多数人在这些方面都存在着相似的情况。但按照遗传的法则——或者说是隔代遗传的法则——我们绝对不能说,任何一个来到这个世界上的人都是那么好或是那么坏的。按照这样的逻辑,我们可以得出一些让人感到不安的推论,那就是任何一个人都不能完全无视诱惑,即便是最为乐观的人,也无法超越希望的限制范围。

对我来说,这就是关于遗传的重要教训。

对这个教训没有深刻了解的人必然会漠视其他人的未来。只有一个武断的人才会以遗传之名去否定孩子们所持有的一切希望,即便是对那些恶贯满盈的罪犯来说,也是如此。即使是在贫穷与恶行当中,任何人也无法否认人类依然拥有美好与天真。若是我们对祖先进行观察的话,就会对此感到非常惊讶,因为我们已经通过让自己的心智进行反思,了解到我们祖先中哪些人是具有美德的,从而对这些事情有一个更加合理的见解。

当然,对于那些心智尚处于发育阶段的人来说,他们心中同时存在着一种积极倾向与不良的情感。在通常情况下,我们会发现很多邪恶的浪潮都会朝着一个方向袭来,冲击我们的心灵。但我们可以完全肯定一点,那就是必然还会有下一个浪潮袭向我们。

无论这些深层次的浪潮是否会到达表面,这个问题都并不是遗传限制本身所决定的。很多人都认为"血统说明一切"这句话是公正的，认为这句话能够将有关遗传的一切内容都概括下来。但是，这里所说的血统——到底是指纯净的血统，还是肮脏的血统呢？

遗传本身并不能回答。这样的决定取决于环境本身。

因此，所有社会改革的基本使命又重新回到了事物的本质，那就是我们必须要打造一个适合所有人生存的人类文明，从而让我们的后代拥有更好的血统，而不是让他们的身上流淌着肮脏的血统。

5. 来自梦境的鬼魂[①]

绝大多数人都习惯了将睡眠时间视为是心灵处于消极状态的时间——在这段时间里，我们的意识处于一种完全空白的状态，或是处于一种相当不协调的状态，让各种不搭调的想法按照它们自身的意志在活动。但是，我们必须要知道，对心智进行研究的人会立即向我们指出，睡眠的状态只与苏醒之后的状态存在着某种程度上的差异，而不是本质上的差异。这些评论家表示，不管是有意识还是无意识的心灵活动都是完全自动的，并且受到遗传以及环境（经验）等因素的影响。心智则是自我欺骗的一个"替罪羊"，让我们觉得它才是一连串思想的决定者。事实上，它只不过是旁观者而已。

若是我们继续这方面的讨论，那就会让我们偏离之前的轨道。但是，每个人都可以发现自己至少可以通过对自身梦境的片刻思考，得

---

① 这部分的内容是对开篇提到的总结性观点的拓展。

到一个富于建设性的回答。

毕竟，无论我们的梦境有多么"诡异"，都会让我们感到那是充满现实感的，具有现实生活中的一切元素。这一连串的思想是多么熟悉，这些思想跟我们在睡醒之后产生的思想是多么类似啊！如果我们发现了某种不那么熟悉的思想，那么这可能就是我们按照某种熟悉的思想进行想象的产物。如果我们能够看似做了这些我们从未做过或现实中无法去做的事情，那么至少这些事情是我们在清醒时曾经想象过的。事实上，我们在完全清醒之后，都能够非常清楚地记住梦境里所产生的一连串逻辑思想，虽然这其中可能还涉及我们在生理层面上的行为——比如突然翻身子等行为。但是，这其实也并不单纯局限于生理层面上的行为。

最让人感到诡异的梦境其实也很难比我们在清醒时的某个瞬间闪过我们脑海的一连串思想更加让人感到诡异。

其中一个比较突出的对比就是，虽然我们知道有些白日梦可能只是某个瞬间的感觉，而梦境在消失的时候，反而能够让我们感觉到它是真实存在的。如果在我们苏醒的时候，心智的双眼能够让我们看到以为失去已久的朋友或已经离开人世很久的朋友站在我们身旁，我们其实就是在脑海里呈现出了这样一种记忆的幻觉——这就是"实实在在"的幻觉。但是，当相同的形式出现在我们的梦境中时，这样的事实依然没有发生任何改变。如果我们相信自己的确是与某位自己记住的人在一起，在我们做梦的时候，我们就再也不会怀疑梦境中这些人影存在的事实，就像我们不会在清醒的时候怀疑个人的想法。

我已经提出了对这种现象的简单解释，即这种幻觉的产生源于这样一个事实，那就是这样的梦境缺乏各种的多样化印象、记忆或某种状态下的思想作为背景，因而或多或少有点类似于我们做白日梦时所产生的幻觉。但是，我们现在并不关心产生这种现象的原因，我们只是关心这个事实本身是否与我们的日常经验相符。

我认为，阅读本书的读者都会有这样的经历，就是他们曾在梦境里感觉到已经离开人世多年的朋友正站在他们身旁。无论怎么说，这样的梦境其实对绝大多数人来说都是相当普遍的。很多相信人类思想进化理论的人都会说，这对他们来说似乎没有任何道理——这样的梦境可能是造成我们某些固定幻觉性思想，从而影响着人类进步的重要原因。他们相信一点，那就是史前时代的野蛮人，也会经常在梦境中梦到自己的致命敌人或亲爱的朋友，而他们尚未接受过任何训练的思维则会倾向于将梦境中的幽灵视为一种真实存在的东西。在他们睡觉的时候，他们也会相信，他们的精神已经从肉身的限制中得到了解脱，似乎在进行一场"远征"，无论这是一场正义的还是非正义的战争，这已经不重要了。在那个让人感到无比陌生的超自然感官世界里，我们能够遇到很多过去的人，但在我们苏醒的时候，这些人也会随之消失。

按照这样的分析，这就是我们相信鬼魂存在的根源。因此，其他多种多样的拓展以及详细的说法都会在人类发展的历史上扮演重要的角色。

但是，有人可能会问，难道原始人真的就是喜欢做梦的人吗？难道当他们的身体需求得到了满足，就会沉入到深层且不中断的睡眠当中，遗忘整个世界吗？

我们需要注意到一点，那就是这样的梦境状态对于每个民族来说都是非常熟悉的。无论是对于孩子还是老人来说，都是如此。但事实并非这样。这样的情况并不完全局限于人类的身上。你可以观察一下那些躺在格栅旁边的老狗处于深度睡眠时候的状态。你可以看到它的身体肌肉在不断抽搐，似乎要迅速飞奔一样，而嘴则是半张开的，咽喉似乎努力地压制着要发出来的声音。

你能怀疑这只狗是在做梦吗？也许，在它的梦境里，它会想到自己之前追逐过的兔子，或一些陌生的小猫，或属于它同类的小狗朋友或是敌人。

在我们的原始祖先取得任何人类发展之前，他们都必定是一群梦想家。我们不能怀疑一点，那就是他们将第二自我的概念——即一个非物质性的人格——与所有具有生命力的东西联系在了一起，而第二自我的概念也不专属于非人类。人类世界从一开始就伴随着精神层面的东西而存在。

如果这是真实的，我们认为梦境中的潜意识状态要为人类这么重要的心灵发现负责，那么这必然能够通过苏醒之后的一系列活动得到体现。

对那些有能力去衡量迷信力量的价值的人来说，这就好比是在他们的心智中悬挂了一个遮盖物，扭曲着他们的人生视野，让他们看到一些不真实的形态，或让他们人为捏造出一些鬼魂来，让我们无法去追寻，只能因为恐惧而始终躲在我们的梦境当中。

今天，你与我都知道，我们在睡梦之乡里所见到的各种事情其实不过是梦境的一部分而已。我们都知道这点，但我们真的相信吗？难道这其中不存在着我们祖先所相信的魔力吗？始终有类似的疑问存在，而我们始终无法很好地消除这样的疑问。

我们所爱的人在多年之前就已经去世了，但是他们却能够在我们做梦的时候与我们进行交谈——他们仿佛依然以过去的形象出现在我们面前，用相同的声音说话。我们能够非常肯定，他们并不可能生活在一个超感官的世界里。我们想象着自己站在这些躺在病榻的朋友旁边——难道我们真的这么肯定这些朋友是真的生病了吗？"胡说八道，梦境都是与现实完全相反的。"我们都会这样说。但是，这句话本身就暗示着一种根深蒂固的信念，那就是梦境本身具有某种超自然的重要性。至少，若是我们没有做这样的梦，那么我们会感到更加高兴一些。

我们的自我意识也并不是完全为了忍受梦境出现的幻觉而出现的。每个人与其他人之间的关系都必然会受到我们所怀疑信念的影响。如果你回溯历史，那么你就会知道古代的巴比伦人、亚述人以及埃及人都生活在一个"鬼魂萦绕"的世界。巫术、魔法都是非常盛行的，而根本不存在的妖术也大行其道。人们将梦境中想到的东西视为生命中重要的一部分，似乎在梦里看到的东西就是他们苏醒之后所感受到的东西。

当一个古埃及人去世的时候，他的朋友必须要小心翼翼地清洗他的身体，从而让灵魂能在恰当的时间重新进入他的身体。

如果一个古埃及人生病了，他会认为，一定是某些敌人对自己施加了一些神奇的魔咒。他认为即便是没有生命的东西都具有某种鬼魂方面的属性。所以，他们会用蜡做成敌人的形状，而一些权贵则会用烧蜡烛的方式去躲避敌人给自己带来的伤害。

古埃及人还认为,即便是动物与鸟类,也都同样拥有超自然的魂魄。他们会崇拜神圣的公牛,并且会认真清洗朱鹭与小猫的身躯,那种庄严的仪式会让人感到一种莫名的喜感,因为人们很容易会对这些动物是否能够获得永生产生一种怀疑。虽然这种相同的怀疑态度跟古埃及人的那种概念是相差无几的,但这样的情况同样适用于人类的精神。

对古巴比伦与古亚述的那些城市遗迹进行挖掘,我们发现了成千上万块古代的碑片,上面都篆刻着文字。上面所写的文字都是一些类似预兆以及咒语的东西,从而抵御那些邪恶的灵魂。按照人们对时间的看法,这一切都藏在自然的表象后面。

古希腊文学里充满着描述相同看法的记载。冥府渡神的那张著名图片就描绘了在阴间的人划着船,来到了冥界世界的河岸边。这幅图画似乎与我们日常挂在家里的图片没有什么区别。无形的众神存在于奥林匹斯山之上,而他们始终都在干预着人类的思想。依菲琴尼亚在面临牺牲的时候,会感觉自己的精神得到洗礼,而一位投机者则能够神奇地取代她的位置。巴库斯在被一位凡人囚禁的时候,通过神奇的法术让自己重新获得自由,乘着一头公牛离开。希波吕托斯曾遭到尼普顿的杀害,只是为了对他愤怒的父亲的祈祷做出回应,之后,他的父亲为自己的行为感到无比后悔。因此,在找寻相似的阐述时,我们是不大可能走歪路的。若是单纯从历史文学角度去看待的话,那么相似的事情也可能同样能够在历史学家们那里发现——在诸如希罗多德、修昔底德以及色诺芬这些大历史学家们的身上找到,向人类展现出怀疑主义本身就是每个时代具有先进性思想的人应该具有的态度。

"但是,"你说,"人们肯定并不是真的相信这些所谓的鬼魂,虽然他们的确在文学里提到了这些内容。"

如果你这样想的话,那就大错特错了。人们的确相信鬼魂。我们甚至可以说,谈论这样的话题并不能说明我们对此持一种不相信的态度。这其实是一个自然发展的过程,要是怀疑这个过程,其实就是怀疑物质世界的存在。可以肯定的是,一些哲学家必然会公开对所谓的物质世界表达自己的怀疑态度。与他们的态度类似的是,还有一些哲学家怀疑鬼魂的存在。对一般人来说,这样的问题可能是他们之前从来都没有想到的。

就这个问题而言,我们可能同样以相当轻信的态度相信了这样的事实。这样证据是非常明显的,任何人都不能对此持一种怀疑的态度。我们可以找到中世纪时代的相关记录,这些记录毋庸置疑地记录着那时候的治安官与检察官——与当时绝大多数接受过教育的人一样——都完全相信某种超自然的能量,认为这能够帮助他们对抗一些邪恶的力量。

与巫术相关的最后的一次处决发生在大约200年前。即便在人们不再相信巫术所带来的影响之后,他们依然相信某种魔幻式的东西。到了18世纪,那时候的人们都认为那些精神失常的人都是具有邪恶灵魂的人。

这些关于鬼魂的一连串思想就这样以梦境传承的方式一直延续到今天,跟我们处于原始阶段的祖先的看法没有什么区别。当我讨论这种潜意识的沉睡所产生的影响时,我并没有说这样一种影响能够与心智处于苏醒状态时的表现一样具有力量。作为在古埃及人、古巴比伦人、古希腊人或中世纪人心灵中占据重要地位的东西，它们其实都是我们纯粹想象出来的。这是一个现实的世界，而不是一个充满鬼魂的世界。那些让历代人都为之感到痛苦的幻影其实不过就是我们自身虚构出来的东西，让我们无法去感受真正的自己。但就是这样的传统依然传承了数千年。

难道我们敢说这样的情况在今天这个时代已经完全消失了吗？难道你与我敢肯定一点，那就是在我们的心智世界里，这些关于鬼魂的古老概念已经完全起不到任何作用了吗？难道我们真的完全从迷信的局限世界里挣脱出来了吗？

你是否完全确定一点，即在一个陈腐的墓地，我们能在晚上感受到一种与白天完全不一样的安静。当然，你也许不相信有鬼魂的存在，但是你可能并不敢让自己的怀疑精神接受某种程度的考验。

或者说，你对鬼魂的看法可能是属于另一种情形的。也许，你会向那些宣称能够为你从一个超感官世界里带来关于过去与未来信息的苦行者支付金钱。你可能只是觉得自己是以一种怀疑的态度这样做的，但你其实已经选择相信有关这些方面的神奇力量了——是的，你不仅相信了这些方面的东西，而且你还损失了金钱。

也许，人类 10 000 多年来的科学进步已经能够让我们从过去的科学成就里找到我们想要的东西。在这样的科学记录里，我们无法找到超自然的鬼魂世界的存在，但即便面对这样的事实，我们也会选择忽视。你可能会将自己与公元前 3 000 年的古巴比伦人归为一类。你可能会让自己的心智在苏醒状态下努力超脱出潜意识的睡眠状态，从而摆脱一个虚无缥缈的梦境世界。

并不是只有直接的梦境世界才能具有这样的影响力。这些最重要的迷信能够给我们带来一系列残余的错误概念，这些错误的概念始终都在给我们的清醒判断以及人类的幸福带来巨大的伤害。诚然，我们容易轻信，这会让我们超脱出自然的限制。这种轻信的行为会对我们个人的幸福感受带来巨大的影响。

诚然，我们已经习惯了将迷信当作一件过去的事情，但事实上，我们很难发现一个人在日常生活中完全摆脱了迷信的束缚。一些人可能会相信幸运或是不幸运的暗示，因此他在日常生活中会受到各种行为的影响。如果他看到月亮在自己的左手边肩膀位置升起来，就会认为这是一个不好的兆头。走在路上的时候发现地面上有一根针，要是不将这根针捡起来的话，他会感到极为苦恼。关于这些有点荒谬或是让人感到厌烦的事情还有很多。

某一类型的人——他们可能是赌徒、投机者或演员——似乎总是在某种迷信思想的影响之下，但是我们却很难找到一个在心底里完全不存在迷信思想的人。如果我们对此进行细致而认真的分析，就会发现一些行为完全属于迷信的范畴。即便某人能够开诚布公地说出自己心底想法的根源，这些想法还是很有可能始终缠住他的思想。很多认为数字"13"是不吉利的人都会宁愿选择在周五开始一趟旅程，但如果他们不小心打破了一面镜子，就会感到无比恐惧。这样一种心口不一的情况是根深蒂固的，是不大可能一下子就能完全消失的。

当然，这些古怪的概念并不能给我们带来幸福。相反，它们会让我们感到更加困惑，就好比我们的良心无法不去回想过去所犯下的一些罪过一样，从而为我们的人生增添了许多不确定的东西。在某些情况下，它们的影响可能是极为邪恶的。比方说，几年前的一份报纸报道过，美国一位参议员在他去世前的几个月就曾说，自己并不是一个迷信的人，但是他认为自己的生命在某种程度上与门前的那棵松树的死活是联系在一起的。

这段话显然与以下内容是一致的，那就是"我并不担心鬼魂，但是我却对它怀有敬畏之心"。

这份报纸接着说，在一个夏天，那棵松树开始逐渐凋零，几个星期之后，那位参议员就去世了。当这份报纸出版之后，很多人都说这位参议员是一个有先见之明的人。我们并不需要怀疑这棵松树的死亡与参议员的死亡是否存在着联系。当然，这种联系存在的唯一可能性源于人类的想象力。当这位参议员以某种荒谬的方式将树木的生命与自己的生命联系在一起之后，如果他看到那棵松树开始凋零，内心就会感到无比恐惧。因此，这样阴郁的预兆也许会让他之前因为疾病而变得脆弱的心灵遭受进一步的打击。从某种意义上来说，正是迷信的心理杀死了他。

当然，这份报纸的报道可能也不是真实的，但不管这份报纸的内容是否真实，都能同样说明一个问题，那就是即便这不能说明一个人的信念，也能够充分说明一种迷信的观念在当代很多接受过高等教育的人身上依然存在。

但是，真正重要的事情并不是这种迷信依然始终死死地缠绕着我们，而是它已经接近一种完全消除的状态。这种相对较少的迷信依然存在，能够让我们想起不久之前那个迷信大行其道的时代。而那些之前迷信的人都已经认识到自己被这些迷信思想控制的荒谬性。因此，我们现在很难找到一位完全迷信的人。

虽然我们可以承认自己一时的动机，但却无法从绝对意义上否定迷信的存在。如果一个人被发现撒了盐之后向背后撒了一把盐[①]，他总是会以一种半道歉的口气说："我并不是一个迷信的人，但我每次不小心撒了盐，都会这样做。"这种一般性的否定始终都伴随着某些特定意义上的承认，无论这两者是否完全一致。

这样的行为本身就是我们根深蒂固的迷信思想的一种体现，但很多接受过高等教育的人都会对此否定。这样的否认其实要比过去那些行为更加重要一些。这其实就是人类智慧不断进步的一个印证。这能够说明我们正在朝着一个文化不断成熟的方向前进，我们承认理论与法律，而不是以偶然的行为去治理这个世界。

我必须要承认，你们可能都会怀着一定的惭愧之心承认自己的迷信心理吧。当然，你们现在的迷信心理肯定是与古代的巴比伦人不一样的。只要这维持在一定的限度，那是没有什么关系的。但是，你不能在迷信的道路上走太远。你不能单纯停留在内心为此感到惭愧之上，还要为自己拥有这些错误的观念而感到羞愧。你偶然诞生在这个世界上，这个时代在人类历史上第一次没有了鬼魂的概念——通过解释予以消除，这些鬼魂来自虚无又回归到虚无。接着，纵然你对过去有很多遗憾，很想逃避光明，但你还是需要走出被恐怖困扰的冷漠世界。

---

① 迷信说法，向背后撒盐可以驱魔。——译者注

在你今天生活的世界里，对你的人生幸福更有帮助的，就是要在你清醒的时候，勇敢地忘记梦境里出现的一切情况，勇敢地远离祖先给你发出的一些虚无缥缈的错误信号，过上属于自己的幸福生活。

要是一个人希望确保思想处于一种绝对平静的状态，那么这样的平静状态必然需要我们的心智处于健康的状态，那么你的心智就必然会变成这个世界上最为自由的地方。因此，你要让心智保持这样的放松状态，重新焕发自己的能量。为了达到这个目标，你要始终相信一些的简短且肯定的概念，从而明白真实的内容，然后它们将能够为你带来一些有用的东西。

——马库斯·奥勒留

图书在版编目（CIP）数据

幸福的科学／（美）亨利·史密斯·威廉姆斯（Henry Smith Williams）著；佘卓桓译．—北京：中国人民大学出版社，2016.7
书名原文：The Science of Happiness
ISBN 978-7-300-23019-1

Ⅰ.①幸⋯ Ⅱ.①亨⋯②佘⋯ Ⅲ.①幸福－通俗读物 Ⅳ.①B82-49

中国版本图书馆 CIP 数据核字（2016）第 140219 号

幸福的科学
[美] 亨利·史密斯·威廉姆斯 著
佘卓桓 译
迟文成 校
Xingfu de Kexue

出版发行	中国人民大学出版社	
社　　址	北京中关村大街 31 号	邮政编码　100080
电　　话	010-62511242（总编室）	010-62511770（质管部）
	010-82501766（邮购部）	010-62514148（门市部）
	010-62515195（发行公司）	010-62515275（盗版举报）
网　　址	http://www.crup.com.cn	
	http://www.ttrnet.com（人大教研网）	
经　　销	新华书店	
印　　刷	涿州市星河印刷有限公司	
规　　格	145 mm×210 mm　32 开本	版　次　2016 年 7 月第 1 版
印　　张	8.5 插页 2	印　次　2016 年 7 月第 1 次印刷
字　　数	178 000	定　价　36.00 元

版权所有　侵权必究　印装差错　负责调换